KB133025

개와 고양이의 물 마시는 법

유체역학으로 바라본
경이롭고 매혹적인
동식물의 세계

개와 고양이의 물 마시는 법

*How
dogs and cats
drink water*

송현수 지음

들어가며

아지랑이 아련히 피어오르는 어느 따스한 봄날. 눈부신 햇살 사이로 탐스러운 민들레 한 송이가 살랑거린다. 그때 어디선가 산들산들 불어온 바람은 솜털 같은 민들레 씨앗을 산산이 흩날린다. 마침내 땅으로부터 자유를 얻은 씨앗은 그 바람을 타고 멀고 먼 여행을 시작한다. 씨앗은 어디를 향해서, 얼마나 멀리 날아가는 걸까? 날개도 없는데 어떻게 그리 잘 날 수 있을까?

공허한 상념에 잠겨 있는 그 순간 검은 빛의 한 무리가 민들레 씨앗을 쫓던 눈길을 빼앗는다. 그 무리 역시 유유히 상공을 난다. 여러 마리의 기러기 떼다. 그들은 마치 항공 퍼레이드를 연상시키는 V자로 질서정연한 대형을 갖추었다. 하늘을 자유롭게 날 수 있는 새들은 왜 굳이 저런 모양을 그리며 나는 걸까? 그 형태에 민들레 씨앗과는 또 다른 비행의 비밀이 숨어 있지는 않을까?

자연의 신비로움은 뜨거운 태양만 작열하는 사막에서도 찾아볼 수 있다. 놀랍게도 1년 내내 비 한 방울 내리지 않는 사막에도 생명체는 존재한다. 대기 중 수분으로부터 물 한 방울을 얻기 위해 물구나무를 서는 딱정벌레, 홈 파인 독특한 구조로 모래 바람에 맞서는 사구아로 선인장, 생장에 적합한 환경을 찾아 끊임없이 굴러다니는 회전초 등 극한 환경에서 살아남기 위한 생물들의 다양한 생존 전략과 적응 방식은 눈물겨우면서도 한편으로는 경이롭다.

인간을 비롯한 대부분의 생명체는 주로 물로 이루어져 있으며, 수분은 생존의 필수 조건이다. 또한 지구는 공기로 둘러싸여 있고 동식물은 모두 평생 호흡하며 살아간다. 다시 말해 생명체에게 물과 공기는 피할 수 없는 자연 환경이자 동시에 그들을 이루는 구성 요소다.

따라서 동식물은 오랜 시간에 걸쳐 물과 공기를 다양하게 활용하는 법을 자연스레 익혔다. 수억 년 동안 서서히 진화한 생명체는 물과 공기처럼 흐를 수 있는 것, 즉 유체流體에 대한 연구를 스스로 수행한 셈이다. 그리고 과학적 원리를 활용한 그들의 놀라운 생존 능력은 인류에게 깊은 지혜를 전해 준다.

이 같은 자연의 경이로움에 매료된 과학자들은 아무도 주목하지 않을 정도로 사소하지만 흥미로운 주제에 대해 몇 년에서 몇십 년에 걸쳐 심도 있는 연구를 수행하였다. 아찔한 산꼭대기부터 위험천만한 바다에 이르기까지 어디든 마다하지 않고 지구 곳곳을 누빈 괴짜 과학자들 덕분에 우리는 신비로운 자연의 세계를 간접적으로 탐험할 수 있게 되었다.

'흐름의 과학'인 유체역학을 탐구하여 2018년 출간한 〈커피 얼룩의 비밀〉은 다양한 음료와 술에 담겨 있는 과학적 원리를 이야기하였고, 2020년 출간한 〈이렇게 흘러가는 세상〉은 영화, 교통, 스포츠, 요리 등 실생활에 숨어 있는 흐름에 대해 말하였다. 커피 얼룩이라는 미시 세계에서 시작하여 이 세상을 아우르는 거시 세계로 확장된 시선은 이제 울창한 숲속, 황량한 사막, 드넓은 바다, 광활한 하늘 등 자연으로 향한다.

유체역학을 주제로 한 시리즈의 세 번째 책 〈개와 고양이의 물 마시는 법〉은 인류 탄생 이전부터 지구에 살고 있었던 동물과 식물이 거친 야생에서 살아남기 위해 선택하고 진화한 형태와 구조, 생활 양식에 대해 이야기한다. 예를 들어 식물은 번식을 위해 어떻게 씨앗을 멀리 퍼트리는지, 얼룩말은 왜 줄무늬를 가지게 되었는지, 곤충을 잡아먹는 식충 식물은 어떤 원리로 움직이는지를 유체역학적 관점에서 알기 쉽게 설명한다.

이 책은 생태계처럼 유기적으로 연결되어 있지만 순서대로 읽을 필요 없이 눈길을 끄는 부분부터 읽기 시작해도 문제가 없다. 또한 마지막 장에 별도로 정리한 참고 자료는 더 깊이 있는 정보를 원하는 분들을 심오한 지식의 바다로 안내하는 든든한

나침반이 될 것이다.

　자연의 신비로운 모습은 결코 그저 바라보고 감탄하는 관상용에 그치지 않는다. 인간은 새의 날개를 흉내내어 비행기를 설계하고, 연잎에 맺힌 물방울을 보고 유리 코팅법을 발명하였으며, 상어 비늘로부터 전신 수영복의 아이디어를 얻었다. 자연으로부터 얻은 수많은 영감은 생체모방공학이라는 학문을 통해 눈부신 기술 발전으로 확장되었다.

　수천 년에 걸쳐 찬란한 문명을 이룩한 인류는 세상을 정복하였지만, 한편으로는 지구상에 존재하는 수백만 종의 생물 중 하나에 불과하다. 또한 아직도 풀리지 않은 자연의 신비는 언제나 우리의 상상력을 자극한다. 이 책에서 자세히 소개한 유체역학이라는 하나의 창을 통해 자연을 이해하고 배운다면 세상을 색다른 관점에서 바라볼 수 있고, 우리의 삶도 그만큼 더 풍요로워질 것이다.

참된 여행은 새로운 풍경을 찾는 게 아니라

새로운 눈을 갖는 것이다.

- 마르셀 프루스트 -

1.
물 마시기의 기술

만물의 근원은 물이다.

-탈레스-

태국 최북단 치앙라이의 한 동굴. 비좁고 어두컴컴한 공간에 12명의 유소년 축구팀 선수들과 코치가 보름 넘게 갇혀 있었다. 동굴 관광 중 갑자기 쏟아진 폭우에 통로가 막혀 탈출하지 못한 것이다. 동굴 속에 고립된 소년들은 불안감에 떨며 구조대가 도착하기만을 기다릴 수 밖에 없었다. 하지만 지상도 아닌, 지하의 붕괴된 공간으로 구조대가 진입하는 것은 쉽지 않았다. 연일 이어진 배고픔과 공포도 힘들었지만 가장 시급한 문제는 식수 공급이었다. 폭우로 물은 넘쳐났지만 오염된 물을 함부로 마셨다가는 더 큰 탈이 날 수 있기 때문이다.

　소년들은 코치의 지도에 따라 흙탕물 대신 종유석에 맺힌 이슬을 마시며 버티다가 사고 발생 16일 만에 마침내 가족의 따뜻한 품으로 돌아올 수 있었다. 2018년 전 세계인들의 가슴을 졸였던 이 사고는 우리가 일상에서 대수롭지 않게 생각하는 물 마시는 행위가 화재, 산사태, 붕괴 등으로 고립된 상황에서 얼마나 소중하고 특별한지 보여 주는 단적인 예다.

이처럼 식수食水의 확보는 역사적으로 인류의 생존 수준을 넘어 경제, 문화, 정치, 전쟁에 이르기까지 전방위적인 의미를 갖는다. 고대 로마 제국의 상하수도는 로마가 당대 최강국의 지위를 유지하는 데 지대한 공헌을 했다. 특히 고대 도시 폼페이는 현재까지 남아 있는 수도교aqueduct로 수원지에서 물을 끌어왔기에 무사히 건설될 수 있었다.

또한 1940년대 제2차 세계대전 중 식수 부족으로 갈증에 허덕이던 군인들은 미국 해군이 최초로 현대식 정수기를 발명하자 열렬히 환호했다. 액체의 농도가 낮은 곳에서 높은 곳으로 투과성 막을 통해 물이 이동하는 현상을 삼투osmosis라 하는데, 반대로 고농도의 액체에 삼투압보다 높은 압력을 가하는 역삼투 방식으로 바닷물의 염분을 제거하여 담수화한 것이다. 이 원리는 요즘의 정수기에도 여전히 활용된다.

그뿐만 아니라 석유보다 물이 귀하다는 중동 지역에서는 최대 수자원인 나일강과 요르단강을 두고 인접 국가들 사이의 분쟁이 끊이지 않는다. 에티오피아가 나일강 상류에 아프리카 최대 규모의 르네상스 댐을 건설하자 하류의 이집트는 격렬히 반발하고 있다. 이처럼 수천 년에 걸친 문명의 눈부신 발전으로 지구 대부분의 지역에서 물을 손쉽게 얻을 수 있는 요즘도 생명수의 중요성을 다시 한번 생각하게 되는 안타까운 사건이 종종 발생한다.

한편 2007년 미국 캘리포니아에서 열린 '물 많이 마시기 대회'에서는 충격적인 사고가 일어났다. 28세의 여성 참가자가 3시간 동안 약 7L의 물을 마신 후 몇 시간 지나지 않아 물 중독water intoxication 으로 사망한 것이다. 물 중독은 순간적으로 몸안의 혈액이 과도하게 희석되어 나트륨 농도가 심각하게 떨어지는 저나트륨혈증hyponatremia 으로 두통, 경련, 구토를 발생시키고 심할 경우 의식 장애 또는 사망에 이를 수 있다. 이 여성은 자녀들에게 대회의 상품이었던 닌텐도 게임기를 선물하기 위해 참가한 것으로 알려져 주위를 더욱 안타깝게 하였다. 과유불급過猶不及 이라는 말처럼 인체에 반드시 필요한 물 역시 과하면 생명에 위협을 받는다.

우리가 적당량의 물을 마셔야 건강하다는 전제는 필연적이다. 애초에 모든 생명체는 생물학적으로 대부분 물로 구성되어 있기 때문이다. 수박이나 오이 같은 과일과 채소는 약 90% 이상의 수분으로 이루어져 있으며, 우리 몸 역시 70%는 수분이다.

이처럼 생명의 근원이라 할 수 있는 물은 생명 유지를 위해 인체 내에서 다양한 역할을 수행한다. 구체적으로 침, 위산을 비롯한 소화액을 만들고, 땀과 소변의 형태로 노폐물을 제거한다. 또한 팔꿈치, 무릎 등 관절의 윤활 작용을 하며, 체온을 조절하는 역할도 한다. 따라서 수분이 부족하면 신체 기관은 즉각 문제를 일으킨다. 이러한 이유로 세계보건기구는 하루에 1.5~2L의 물을 여러 차례에 걸쳐 천천히 마시도록 권장하고 있다.

생명 유지를 위해 물을 마셔야 하는 것은 인간뿐 아니라 동물 역시 마찬가지다. 다만 인간과 달리 동물들은 신체 특성과 서식 환경에 따라 저마다 다른 습성을 지닌다. 예를 들어 낙타는 소량의 물로 노폐물을 처리하기 때문에 진한 소변을 눈다. 또한 등에 솟아 있는 혹에 지방을 저장해 두었다가 필요할 때마다 영양소와 수분으로 분해하기 때문에 물을 마시지 않고도 한 달 정도는 거뜬히 버틸 수 있다.

이처럼 물을 제한적으로 마실 수 밖에 없는 사막의 동물들은 소변의 농도 조절로 수분 부족 문제를 해결하는데, 이 분야 챔피언은 캥거루쥐 Kangaroo Rat 다. 앞발은 짧고 뒷발은 길어 캥거루처럼 껑충 뛰어다니는 캥거루쥐는 평소 먹이에서만 수분을 얻고 별도의 물을 거의 마시지 않는다. 그리고 사람보다 5배 이상 진한 소변을 소량 배출함으로써 물을 마시지 않고도 생존할 수 있다.

미국 남서부와 멕시코 북서부에 걸친 모하비 사막과 소노라 사막에 사는 사막거북 desert tortoise 역시 메마른 환경에 완벽히 적응하였다. 사막거북은 봄철에 주로 야생화와 풀로부터 수분을 섭취한다. 그리고 커다란 방광에 체중의 40% 이상의 물을 저장한 후 조금씩 소비하며 살아간다.

앞서 태국 소년들, 낙타와 캥거루쥐 그리고 사막거북으로부터 알 수 있듯 물을 마시는 것은 단순히 물을 목구멍 너머로 삼키는 행위가 아니라 생명을 건강히 유지하기 위한 필수 생존 전략을 의미한다. 자연의 다양한 환경에 사는 동물들은 저마다 신체 구조에 따라 최적화된 방식으로 물을 마시는데, 구체적인 방법을 자세히 알아보자.

개와 고양이의 물 마시는 법

지금으로부터 약 300만 년 전 등장한 원시 인류는 현재 대부분의 포유류처럼 4족 보행을 하였다. 이들은 손을 발처럼 사용했기 때문에 먼 거리의 이동에 제약이 있었을뿐더러 손으로 별 작업을 수행할 수 없었다.

그로부터 시간이 꽤 흘러 약 160만 년 전 마침내 두 발로 일어선 인류 호모 에렉투스 Homo erectus 가 등장하였다. 이후 이들이 이루어낸 문화적, 기술적, 물질적 발전의 속도는 그야말로 눈부시다. 사실상 현 인류 문명의 거의 모든 것이 기립起立으로부터 시작되었다 해도 과언이 아닐 정도다. 인간이 직립 보행함으로써 땅으로부터 해방된 두 손은 발과 비교할 수 없을 정도의 자유도를 가지게 되었고, 이로 인해 도구를 사용한 인류 호모 파베르 Homo faber 가 탄생하였다.

이는 인류 역사에서 빼놓을 수 없는 획기적인 사건이다. 대표적인 예로 부싯돌을 이용하여 불을 피움으로써 인류는 추위로부터 벗어나게 되었고, 따뜻하게 익힌 맛있고 안전한 음식을 먹게 되었다. 이로 인해 인류의 수명 역시 상당히 늘어났음은 물론이다.

한발 더 나아가 두 손은 오늘날 컴퓨터를 이용하여 지금 이 글을 쓰는 것처럼 고차원적 활동을 가능하게 했을 뿐만 아니라 물을 마시는 동작 역시 단순하지만 우아하게 수행할 수 있게 하였다. 물을 컵에 따라 마시는 행동에 무슨 대단한 품위가 있는지 반문하고 싶다면 지금 바로 엎드려서 두 손을 땅에 짚고 물을 마셔 보자.

볼을 오므려 입안의 압력을 낮추는 방식으로 물을 빨아들이거나 혀를 날름거려 답답하게 마실 수 밖에 없는데, 이는 마치 개와 고양이의 모습을 떠올리게 한다. 하지만 인간의 혀는 그들에 비해 짧고 움직임이 자유롭지 못하며, 입 밖에서의 사용이 익숙하지 않다. 따라서 어떻게 하면 물을 효과적으로 마실 수 있는지 개와 고양이에게 배워야 할지도 모른다. 언뜻 보기에 개와 고양이가 혀를 내밀어 물을 마시는 방법은 서로 비슷한 듯하지만 놀랍게도 그 둘의 해부학적 구조에 따른 혀 움직임은 꽤 다르다.

고양이의 앙증맞은 혀 놀림에 주목한 괴짜 과학자가 있다. 미국 MIT 토목환경공학부 로만 스토커Roman Stocker 교수는 어느 아침, 집에서 함께 지내는 8살짜리 고양이 '쿠타쿠타Cutta Cutta'가 혀를 내밀어 우유 마시는 모습을 살펴보다가 문득 그 원리가 궁금해졌다. (참고로 Cutta Cutta는 오스트레일리아 원주민인 자오인족의 언어로 '수많은 별'을 뜻한다.) 평상시 생명체와 유체 사이의 다양한 상호 작용에 대해 연구하던 스토커는 고양이가 혀로 우유를 핥아 마시는 방식에 물리적으로 복잡한 현상이 숨어 있음을 알아챘다. 그는 곧바로 같은 학과의 동료 교수인 유체역학자 페드로 레이스Pedro Reis에게 그 이야기를 전했고, 그렇게 3년에 걸친 길고 흥미로운 연구가 시작되었다.

나중에는 이 기상천외한 실험에 흥미를 느낀 미국 버지니아 폴리테크닉주립대학교와 프린스턴대학교 연구진들도 힘을 모았다. 그리고 그 결과물은 마침내 2010년 세계적인 학술지 〈사이언스〉의 표지를 장식하며, 전 세계 고양이 집사들을 흥분하게 만들 제목 "고양이는 어떻게 핥는가: 고양이의 물 마시기How Cats Lap: Water Uptake by Felis catus"로 게재되었다. 그렇게 쿠타쿠타는 이름대로 과학계의 스타 고양이가 되었다.[1]

연구 내용을 자세히 살펴보면 다음과 같다. 우선 연구진은 초고속 카메라로 고양이가 우유를 핥는 모습을 촬영하였다. 초고속 카메라는 육안으로 보기 어려운 고양이의 재빠른 동작을 천천히 관찰하도록 도와주는 장비다. 고양이가 우유 마시는 모습

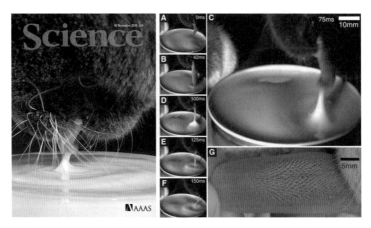

<사이언스> 표지를 장식한 고양이 쿠타쿠타. 초고속 카메라를 이용하여 고양이가 우유를 핥는 모습을 연속 촬영하였다. (Pedro M. Reis et al., 2010)

을 초고속 카메라로 처음 촬영한 사람은 초고속 촬영의 창시자 이자 플래쉬 아버지Papa Flash라 불리는 MIT 전자공학과 해롤드 에저튼Harold Edgerton 교수다.[2] 1940년 에저튼이 계란이 깨지는 모습, 비눗방울이 터지는 모습 등 순식간에 나타나는 현상을 고속 촬영한 9분짜리 영화 〈윙크보다 더 빠른Quicker'n a Wink〉에 고양이가 우유를 마시는 장면이 등장한다. 여기서 근접 촬영한 고양이 혀의 움직임을 느린 화면으로 관찰할 수 있다. (유튜브에서 Quicker'n a Wink로 검색하면 동영상을 감상할 수 있다.[3]) 하지만 당시 카메라의 성능은 현재와 비교조차 되지 않을 정도로 현저히 떨어졌다. 이후 70년 사이에 카메라 촬영 기술은 놀라울 정도로 발전하였고, 연구진은 훨씬 선명하고 상세한 사진을 얻을 수 있

었다. 그 결과 개와 고양이가 물 마시는 방식에 차이가 있음을 발견하였다.

우선 개는 긴 혀를 말아서 국자 모양으로 만들고 그 안에 물을 담는 데 반해 고양이는 혀를 세워 그 끝만 물에 살짝 댔다가 바로 올린다. 표면장력으로 혀끝에 달라붙은 물은 관성^{inertia}에 의해 끌려 올라온다. 순간적으로 아주 작은 물기둥이 형성되는 것이다. 이 물기둥은 중력으로 인해 순식간에 아래로 낙하하므로 재빨리 입을 닫아야 한다. 이때 입을 지나치게 빨리 닫으면 물기둥이 충분히 올라오지 않아 소량의 물만 마시게 된다. 따라서 입을 닫는 적절한 타이밍을 맞춰야 한 번에 최대한 많은 물을 섭취할 수 있다. 고양이는 본능적으로 중력과 관성 사이의 완벽한 균형점을 아는 듯하다.

만일 물이 아닌 우유라면 상대적으로 표면장력과 점성이 크기 때문에 더 많은 양이 끌려 올라올 것이다. 마치 우리가 젓가락 끝으로 물을 찍는 것보다 끈적끈적한 꿀을 찍을 때 더 많은 양을 먹을 수 있는 것과 같은 원리다.

연구진은 고양이 실험에 만족하지 않고 동물원에 방문하여 사자, 표범, 재규어 같은 고양잇과의 다른 동물들은 물을 어떻게 마시는지도 관찰하였다. 그 결과 물 마시는 방식은 모두 고양이와 동일하지만 속도에 차이가 있었다. 고양이 혀의 최고 속도는 초당 78cm로 매우 빠르며, 1초에 약 4번 물을 마시는 데 반해 몸집이 큰 동물일수록 혀의 속도가 느리다는 사실을 발견하였다. 몸집이 클수록 혀 역시 커서 혀끝에 붙어 올라오는 물기둥의 중력과 관성이 균형을 이루는 시간pinch-off time이 늦어지기 때문이다. 즉, 한 번에 더 많은 양의 물을 마실 수 있다는 의미다.

이 실험 결과는 수학적 스케일링 분석법scaling analysis을 통해 1초 동안 물 마시는 횟수가 몸무게의 1/6 제곱에 반비례한다는 연구진의 예측과 거의 일치한다. 예를 들어 몸무게가 2배 무거워지면 물 마시는 횟수는 약 89%, 10배 무거워지면 약 68%, 100배 무거워지면 약 46% 수준으로 감소한다.

참고로 개와 고양이의 1일 권장 물 섭취량은 일반적으로 몸무게 kg당 50ml이다. 인간과 마찬가지로 개와 고양이 역시 수분이 부족해도 문제지만 물을 너무 많이 섭취해도 몸에 이상이 생길 수 있다. 하지만 혹시라도 과학자들의 연구 욕심에 고양이에게 물을 억지로 마시게 한 것은 아닐까 하는 걱정은 하지 않아도 된다. 논문의 말미에 '본 연구는 MIT 동물권리위원회Animal Rights Committee의 승인 하에 이루어졌다'고 밝혔다.

이와 같이 여러 물리학자들의 공동 연구로 고양이가 물 마시는 법에 대한 논문이 발표된 후 이듬해인 2011년, 이번에는 개에 대한 해부학 지식으로 무장한 미국 하버드대학교 생물학과 연구진은 비슷한 제목의 논문 "개는 어떻게 핥는가: 개의 섭취와 구강 내 수송How dogs lap: Ingestion and intraoral transport in *Canis familiaris*"

을 발표하였다.[4]

연구진은 초당 500장의 사진 촬영이 가능한 초고속 카메라와 엑스선X-ray 기법으로 물 마시는 개 혀의 움직임을 상세히 분석하였다. 위 논문에 따르면 개는 고양이보다 혀를 물속 깊이 넣은 다음 구부려 마치 국자로 물을 떠내는 것처럼 마신다. 하지만 실제로 대부분의 물은 다시 쏟아져 내리고 고양이와 마찬가지로 끌려 올라오는 물의 일부만 삼키게 된다고 설명하였다. 혀의 움직임에 약간의 차이는 있지만 개 역시 고양이와 마찬가지로 물을 찍어 먹는 접착 기법adhesion mechanism을 이용한다는 주장이다. 혀를 위로 당기면 물은 중력을 거슬러 구강을 통해 식도로 전달되며, 혀 표면과 입천장 주름이 맞닿으면서 물을 가두고 혀로부터 다시 쏟아지는 것을 방지한다.

한편 앞서 스토커 교수와 함께 고양이의 물 마시는 법을 연구한 버지니아폴리테크닉주립대학교 기계공학과 정승환 교수는 2015년 개가 물 마시는 방법을 유체역학적으로 설명한 논문을 발표하였다. 이 연구진 역시 초고속 카메라를 이용하여 19마리의 개가 물 마시는 모습을 면밀히 관찰하였다. 그 결과 앞선 하버드대학교 연구진의 주장대로 개가 국자 모양의 혀를 제대로 활용하지는 못하지만 혀에 남아 있는 물의 일부는 입안으로 흘러 들어간다는 사실을 밝혔다.[5]

또한 개는 고양이와 비교하여 물에 닿는 혀의 면적이 넓고,

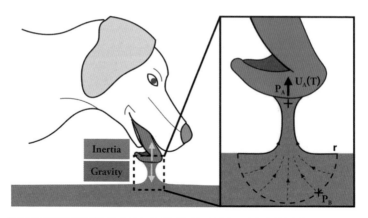

물과 혀의 접착력으로 인해 끌려 올라오는 물기둥에는 관성과 중력이 작용한다. (Sean Gart et al., 2015)

혀가 물속 깊숙이 들어가며, 빠른 속도로 혀를 빼내기 때문에 상대적으로 물이 많이 튈 수 밖에 없다. 그럼에도 불구하고 고양이가 혀를 거의 수직으로 세우는 반면 개는 혀를 구부려 단면적이 넓은 물기둥을 끌어올림으로써 한 번에 더 많은 물을 마실 수 있다고 설명하였다.

개와 고양이 모두 사람들에게 친숙한 반려 동물이지만 이처럼 물을 마시는 방식과 그에 숨어 있는 유체역학적 원리는 상당히 다르다. 이는 개와 고양이의 신체 특징 및 기본 성격과 관련이 있으며, 이에 따른 행동 양식 역시 꽤 차이가 있다. 다소 활발한 성향의 개는 물을 두려워하지 않고 물장구치며 개헤엄dog paddle도 즐긴다. 반면 얼굴에 물만 몇 번 묻히는 간단한 세수를 고양이 세수라 하듯 얌전한 성향의 고양이는 물도 혀끝으로 살짝 찍어 마신다. 이러한 특성의 차이가 개헤엄과 고양이 세수는 있지만 고양이 헤엄과 개 세수는 없는 이유다.

또한 고양이의 시력은 인간의 10분의 1에 불과하며, 색을 느끼는 시세포visual cell 의 수도 인간의 5분의 1 정도다. 결국 고양이는 야생에서 살아남기 위해 다른 감각들을 극도로 발달시켰다. 인간이 감지할 수 없는 고주파수의 소리를 듣고 있으며, 후각은 인간보다 수만 배에서 수십만 배 정도 발달하였다. 따라서 고양이가 조심스럽게 물을 마시는 이유는 후각에 민감한 코와 촉각적으로 매우 예민한 수염인 촉모觸毛에 물이 묻는 것을 본능적으로 방지하기 위함인 듯하다.[6] 반면 개와 함께 사는 사람은 거실 바닥에 물이 튀어 흥건해지는 것을 어느 정도 감수해야 할 것이다. 개에게 고양이처럼 혀를 세워 물을 살짝 찍어 먹게끔 설득할 자신이 없다면 말이다.

세상에서 가장 작은 새

개와 고양이처럼 어느 정도 덩치가 있는 포유류는 음식 이외에 물을 별도로 마시기도 하지만 체구가 작은 일부 새나 곤충은 열매나 꿀 같은 먹이만으로도 충분한 수분 섭취가 가능하다. 계절에 따라 차이가 있지만 꽃꿀의 약 60%, 과일과 채소의 약 90%가 수분으로 이루어져 있다는 점을 떠올리면 사실 의외의 일은 아니다.

꿀에서 수분을 흡수하는 대표적인 동물로 세상에서 가장 작은 새로 알려진 벌새hummingbird가 있다. 벌새는 항상 부지런히 움직이기 때문에 활동량 역시 엄청나고, 이에 따라 꿀처럼 영양분이 많은 물질을 꾸준히 섭취한다. 그리고 그 과정을 최적화하는 방향으로 진화하였다.

우선 화려한 꽃들 사이에서 끊임없이 꿀을 찾아 여행하는 벌새가 색깔을 구별하는 능력은 상상을 초월한다. 인간의 눈은 빛을 받아들이는 수용체를 3개 가지고 있어 무지개색만 볼 수 있는 반면 제4의 수용체를 가지고 있는 벌새는 무지개색에 속하지 않는 자외선도 인식할 수 있다. 그리하여 자연에 존재하는 수천 가지 야생화의 색을 구분하고 그 속에서 꿀을 찾아내는 것이다.[7]

그렇다면 벌새는 어떤 방식으로 꿀을 먹을까? 물과 달리 강한 점성을 가진 꿀은 잘 흐르지 않아 마시기가 어렵다. 우리가 벌새의 부리처럼 빨대로 꿀을 마신다고 상상하면 그 어려움이 쉽게 이해될 것이다.

미국 코네티컷대학교 생태학과 연구진은 벌새가 끈적끈적한 꿀을 어떻게 효과적으로 먹을 수 있는지에 대해 조사하였다. 20종의 벌새 총 120마리를 관찰한 결과 벌새의 혀는 끝에서 약 6mm 떨어진 지점부터 갈라져 있음을 발견하였다. 스펀지가 물을 흡수하듯 액체가 갈라진 틈이나 좁은 관을 타고 올라오는 현

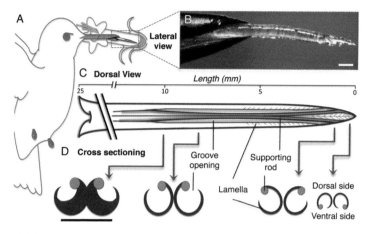

A

B Lateral view

C Dorsal View   Length (mm)

25   10   5   0

D Cross sectioning   Groove opening   Supporting rod

Lamella   Dorsal side

Ventral side

벌새의 혀 내부는 얇은 판과 지지대로 구성되어 있다. (Alejandro Rico-Guevara et al., 2011)

상을 모세관 작용capillary action 이라 하는데, 벌새의 혀는 단순한 모세관 현상이 아니라 능동적인 방식으로 꿀을 빨아들인다. 마치 마른 붓을 물에 담그면 털끼리 저절로 달라붙는 것과 같은 원리로, 혀의 움직임은 있지만 별도의 에너지가 쓰이지 않는다. 이는 벌새의 혀가 부리 길이의 2배나 될 정도로 길고 털처럼 가늘기 때문에 가능하다. 따라서 살아 있는 벌새뿐 아니라 심지어 죽은 벌새도 동일한 방식으로 꿀을 흡수할 수 있다.[8]

꿀을 주 식량으로 하는 또 다른 동물로 꿀벌honeybee 이 있다. 꿀벌 역시 벌새처럼 혀를 내밀어 꿀을 빠는데, 이때 혀에 난 매우 작은 털을 이용하여 에너지 소비를 최소화한다. 개와 고양이는 혀가 크기 때문에 많은 양의 물을 쉽게 마실 수 있다. 반면에 꿀벌은 혀가 작고 점성이 강한 꿀을 섭취해야 하기 때문에 혀끝의 털이 중요한 역할을 한다. 이러한 털에 의한 끌어당김은 물보다는 꿀처럼 점성이 강한 액체의 경우에 효과가 더욱 크다.

중국 칭화대학교 연구진은 꿀벌이 혀를 내밀고 다시 들이는 과정을 촬영하여 혀를 내미는 시간은 약 0.35초, 들이는 시간은 약 0.05초로 순식간에 일어난다는 사실을 밝혔다. 하지만 이는 고양이와 비교해 2~3배 정도 느린 수준이다.[9]

좀 더 자세히 살펴보면 꿀벌은 혀를 내미는 동작이 끝날 때까지 털을 혀에 찰싹 달라붙여 유체 저항fluid drag을 30% 수준으로 줄인다. 그리고 혀를 다시 입안에 들일 때 털을 세워 꿀을 최대한 묻힌다. 이때 털과 혀의 기둥이 이루는 각도를 세움각erection angle이라 한다. 꿀벌은 유체 저항을 고려하여 본능적으로 최적의 세움각을 찾은 것이다.

또한 혀를 내밀 때 갑자기 가속하거나 감속하지 않고 거의 일정한 속도로 움직인다. 힘을 질량과 가속도의 곱으로 정의하는 가속도의 법칙에서 알 수 있듯이 가속에는 필히 힘이 동반된다. 그리고 에너지는 힘과 거리의 곱이므로 결국 가속할수록 에너지가 많이 필요하다. 따라서 등속 운동을 함으로써 에너지를 가급적 적게 소모한다. 이는 마치 자동차를 운전할 때 최고의 연비를 위해 급가속이나 급정거를 하지 않고 가능한 일정한 속력으로 운행하는 것과 비슷하다.

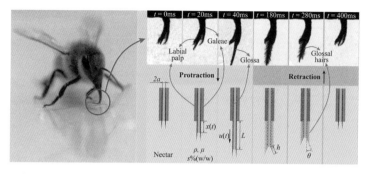

꿀벌은 꿀을 흡수할 때 혀와 섬모의 움직임을 최적화하여 에너지 소비를 최소화한다. (Jianing Wu et al., 2015)

최적 세움각과 등속 운동이라는 두 가지 메커니즘에 의해 꿀벌은 약 7%의 에너지를 줄일 수 있다. 한 번의 움직임에서 아끼는 에너지는 미미하지만 일과 중 수많은 횟수를 반복하는 동작이기 때문에 평생 절약하는 에너지는 상당하다.

이와 같이 꿀처럼 점성이 강한 액체를 마시기 위해서는 적극적인 노력이 필요하다. 물보다 점성이 10배나 강한 혈액을 빨아들이는 모기 역시 마찬가지다. 모기는 평상시 식물의 즙이나 이슬을 먹는데, 암컷은 산란기가 되면 흡혈 활동을 통하여 단백질을 보충한다.

먼저 모기가 가진 여섯 개의 침돌기 중 두 개로 피부를 뚫고, 이어서 작은 침돌기가 혈관 안으로 파고 들어간다. 다음으로 빨대 모양의 관을 통해 모기의 타액이 혈관으로 들어가는데, 여기에는 혈액의 응고를 막는 성분이 있다. 즉 사람의 피가 관을 통해 모기에게 전달되는 동안 딱딱하게 굳지 않도록 하는 역할이다. 이 단계까지 성공한 모기는 이제 모세관 현상을 이용하여 주둥이의 가느다란 관으로 피를 마음껏 빨아들일 수 있다.

한편 벌새나 꿀벌보다 커다란 새들은 먹이로부터 얻는 수분이 부족하므로 보다 적극적으로 물을 마신다. 새들은 저마다 부리 모양이 다르기 때문에 물을 마시는 방식에도 차이가 있다. 특히 도요새shorebirds는 먹이를 집기에 편리한 족집게 모양의 부리를 가지고 있다. 하지만 혀를 이용할 수 없기 때문에 독특한 방식으로 물을 마신다.

MIT 수학과 존 부쉬John Bush 교수가 2008년 〈사이언스〉에 발표한 논문에 따르면 도요새가 부리를 살짝 벌리면 물방울이 들어오고 그 상태에서 부리를 오므리면 물방울이 길게 늘어난다. 다시 부리를 벌리면 물방울은 표면장력에 의해 뭉치면서 입 안쪽으로 조금 이동하는데, 이를 몇 차례 반복하면 물방울은 입에 도달한다. 물을 한 번에 쭉 마시는 것이 아니라 몇 단계에 걸쳐 조금씩 이동시키는 과정이다. 이처럼 도요새는 물을 마실 때 벌새처럼 액체의 표면장력을 이용하지만 그 메커니즘은 전혀 다르다.[10]

도요새처럼 긴 부리를 가진 까마귀도 물을 마시기 쉽지 않다. 이솝 우화 〈까마귀와 물병The Crow and the Pitcher〉은 좁은 물병 속의 물에 부리가 닿지 않아 난감한 까마귀에 대한 이야기다. 이야기 속의 영리한 까마귀는 주위에 있는 돌멩이들을 물병 속에 넣는다. 돌멩이를 하나씩 넣을 때마다 수면은 점점 위로 상승하였고 까마귀는 마침내 물을 마실 수 있었다. 고대 그리스의 이야기꾼 아이소포스Aesop가 '필요는 발명의 어머니'라는 교훈을 주기 위해 지어낸 것으로 추정되는 이 이야기는 실제 과학적으로 사실임이 밝혀졌다.

영국 케임브리지대학교 연구진은 떼까마귀rook의 부리가 닿지 않는 15cm 길이의 물통에 물을 담아 벌레를 띄워 놓고 행동을 관찰했다. 얼마 지나지 않아 떼까마귀는 주위의 돌멩이들을 가져다 물통 안에 넣어 수위를 높였고 결국 벌레를 먹을 수 있었다. 이는 까마귀가 밀도라는 개념을 이해하고 돌멩이라는 도구를 활용할 수 있음을 간접적으로 보여 주는 예다. 참고로 동물학자들에 의하면 까마귀는 앵무새, 까치, 돌고래와 함께 인간 다음으로 높은 최상위권의 지능을 가지고 있는 동물로 알려졌다.[11]

효율적인 운행을 위해 비행기가 기름을 양껏 채우지 못하듯 새들 역시 하늘을 날기 위해서 몸이 가벼워야 하므로 평소 물 마시는 방식이 매우 중요하다. 새들의 부리부터 혀끝의 털에 이르기까지 오랜 시간에 걸쳐 신체 기관들은 서서히 발달하였고 여전히 진화 중이다.

목이 길어 슬픈 기린

자연계에서 몸집의 크기는 단순히 크고 작음의 의미에 그치지 않는다. 크기가 형태를 결정하는 경우가 많기 때문이다. 예를 들어 매우 작은 개미의 다리는 몸집에 비해 가늘지만 커다란 코끼리의 다리는 몸집과 비교해도 상당히 굵다. 만일 코끼리가 개미와 같은 체형이라면 다리가 몸무게를 버티지 못해 제대로 서 있지 못할 것이다. 크기에 의해 결정된 형태는 기능을 변화시키기도 한다. 따라서 동물들의 물 마시는 방식도 개체의 크기에 따라 제각각이다.[12]

그렇다면 지구상에서 가장 큰 동물은 무엇일까? 바다에 사는 대왕고래blue whale는 길이는 30m, 무게는 100톤이 넘으며 심장만 1톤 가까이 된다. 또한 혈관은 사람이 통과할 수 있을 정도로 굵으며, 사람 100명이 들어갈 수 있는 큰 입으로 크릴 새우를 하루에 수 톤씩 먹어 치운다.

이제 시선을 땅 위 돌려 보자. 육상에서 가장 큰 동물은 무엇일까? 무게를 기준으로 하면 코끼리이고 키가 가장 큰 동물로는 기린이 손꼽힌다. 기린의 키는 최대 5m이며, 목 길이만 약 2m에 달한다.

기린은 긴 목을 이용하여 나무 꼭대기의 열매를 쉽게 따먹을 수 있고 짝짓기 시기에는 암컷을 두고 수컷끼리 싸울 때도 목을 적극 활용한다. 강인한 목의 반동으로 머리를 흔들고, 그 탄력으로 상대의 머리를 공격한다. 이 공격법은 목neck을 이용한다는 의미에서 네킹necking이라 부른다.

한편 영국의 저널리스트 채프먼 핀처Chapman Pincher는 1949년 〈네이처〉에 기고한 글에서 기린의 목은 열매를 따먹거나 싸우기 위해서가 아니라 물을 마시기 위해 길어졌다는 의견을 제시하였다. 기린은 긴 다리를 이용하여 사자 같은 포식자로부터 빠르게 도망치는데, 만일 목이 짧으면 물을 마시기 힘들기 때문에 다리에 비례하여 목도 길어졌다는 주장이다.[13]

이처럼 정확한 사실은 알 수 없지만 기린의 긴 목은 여러 장점을 가지고 있는 반면 불편함을 감수해야 하는 점도 있다. 기린은 중력을 거슬러 머리까지 혈액을 보내기 위해서 선천적으로 혈압이 높을 수 밖에 없다. 7cm 두께의 두터운 심장벽으로 둘러싸인 기린의 심장은 분당 150회의 박동과 160~260mmHg의 압력으로 혈액을 힘껏 밀어 올린다. 이는 인간의 혈압보다 두 배 정도 높은 수치다. 따라서 기린이 물을 마시기 위해 머리를 오래 숙이고 있으면 혈압이 지나치게 높아져 뇌졸중stroke의 위험이 있다.

목이 길어 슬픈 기린은 이러한 위험으로부터 벗어나기 위해 심장과 머리 사이의 혈액을 안정적으로 순환시켜야 한다. 이 문제의 해결책은 다음과 같다. 기린이 머리를 숙일 때 동맥을 통해 흘러 들어온 다량의 혈액은 목과 머리 사이의 세동정맥 그물rete mirabile에 분산되어 순간적으로 압력이 낮아진다. 세동정맥 그물

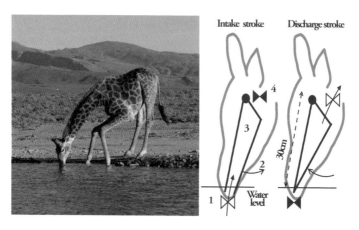

기린이 물 마시는 과정은 플런저 펌프의 흡입, 토출 밸브가 순차적으로 열리고 닫히는 메커니즘과 같다. (P.-M. Binder et al., 2015)

은 굵은 혈관이 여러 개의 가는 혈관으로 나뉘어 그물 모양을 이루었다가 다시 굵은 혈관으로 합쳐지는 구조를 말한다.

이를 유체역학적으로 설명하면 다음과 같다. 유량이 일정할 때 관의 단면적이 좁을수록 유속과 압력은 증가한다. 이는 경험적으로 물줄기가 나오는 호스를 손으로 눌렀을 때 물이 더 빠르게 나온다는 사실로부터 쉽게 알 수 있다. 반대로 단면적이 넓을수록 유속과 압력은 감소한다. 따라서 단면적의 총합이 넓은 세동정맥 그물을 통과하는 혈액은 속도가 느려지고 압력도 낮아진다. 일종의 완충 장치buffer인 셈이다.

그렇다면 기린은 물을 어떻게 마실까? 기린은 큰 키 때문에 물을 마실 때 앞다리를 벌려 엉거주춤한 자세를 취하는데, 이는 포식자의 공격에 취약한 자세이므로 위험성이 뒤따른다. 다행히도 기린은 다른 포유류처럼 땀을 많이 흘리거나 헐떡거리지 않으며, 체온이 주변 온도에 따라 변동하기 때문에 비교적 물을 적게 마신다. 이러한 이유로 기린은 하루에 한두 번 정도 물을 마시며, 단시간 내에 물을 마시기 위해 효율적인 방법이 필요하다.

미국 하와이대학교 물리학자 필립 바인더Philippe Binder 는 안식년을 맞아 남아프리카공화국의 에토샤 국립공원에 방문하였다. 모처럼 연구실에서 벗어나 여유롭게 관광 중이던 바인더는 초원을 뛰놀던 기린이 연못 물을 마시는 모습을 보고 호기심이 들었다. 기린은 과연 어떻게 중력을 거슬러 물을 긴 목 안쪽으로 넘길 수 있을까? 이 평화로운 자연 풍경이 물리학자의 눈에는 풀어야 할 연구 주제로 보였던 것이다.

평소 비선형 동역학nonlinear dynamics 과 카오스 이론chaos theory 을 연구하던 바인더는 기린에 대해 아는 바가 거의 없었다. 그는 곧바로 현지의 케이프타운대학교 물리학자 데일 테일러Dale Taylor 와 함께 기린의 목 길이, 식도 용량, 물 마시는 시간 등을 바탕으로 기린이 물을 삼키는 메커니즘에 대해 연구하였다.[14]

기린의 목은 매우 길기 때문에 기본적으로 물을 한 번에 입에서 목을 통과하여 위까지 도달시키기 어렵다. 따라서 기린은 입술을 통해 물을 들이켜고 턱을 당긴 다음 입 안쪽의 후두를 덮고 있는 후두개epiglottis 를 닫은 상태로 물을 입안으로 넘긴다. 다음으로 입술을 다물고 후두개를 열면 물은 자연스럽게 식도로 넘어간다.

이는 기계 장치 중 플런저 펌프plunger pump의 원리와 유사하다. 플런저 펌프는 실린더 안의 플런저가 피스톤처럼 왕복 운동을 하면서 유체를 이송시킨다. 출구 쪽의 토출 밸브를 잠근 상태에서 반대편 흡입 밸브를 열어 유체를 받아들인 다음, 흡입 밸브를 닫고 토출 밸브를 열어 유체를 내보내는 방식이다. 기린의 입술이 흡입 밸브, 후두개가 토출 밸브 역할을 하는 것이다.

인간을 포함한 모든 동물에게 물을 마시는 행위는 가장 원초적이면서 동시에 매우 복합적인 메커니즘을 가진다. 또한 생명 유지의 근간이 되는 필수불가결한 요소이기도 하다. 사람은 평생에 걸쳐 약 30톤의 물을 마시는데, 매일 여러 번 반복하는 일상이어서 별 의미를 두지 않는다. 하지만 앞서 살펴보았듯이 손가락만 한 벌새부터 그의 100배에 달하는 기린에 이르기까지 동물들은 놀랍게도 저마다 각자의 신체 구조에 맞춰 물 마시는 방식을 최적화하였다. 이 같은 물 마시기의 기술은 단순히 물을 삼키기만 하는 행위가 아니라 오랜 진화의 과정이자 결과인 것이다.

2.
사막에서 살아남기

사막이 아름다운 것은
어딘가에 샘이 숨겨져 있기 때문이야.

소설 〈어린 왕자〉

꽃 한 송이, 풀 한 포기 눈에 띄지 않는 황량한 모래 평원. 끝 없이 펼쳐진 드넓은 공간에 생명체라고는 찾아보기 어렵다. 그런 의미에서 일명 '죽음의 사막'이라고 불리는 땅이 있다. 중국 신장 위구르 자치구에 위치한 타클라마칸 사막으로 '살아서 돌아올 수 없는 곳'이라는 뜻이다. 무시무시한 의미의 이 사막은 1980년 4월 중국의 고고학자들이 미라 '누란의 미녀Beauty of Loulan'를 발굴한 지역이기도 하다. 사람들은 당시 미라의 모습을 보고 무척 놀랐는데, 죽은 지 무려 4,000년이 지났는데도 손톱의 봉숭아물까지 그대로 남아 있을 정도로 보존 상태가 훌륭했기 때문이다.

일반적으로 고대 이집트의 미라는 화학적 처리를 통해 오래 보존되었다. 당시 이집트인들은 독특한 사후관을 가지고 있었는데, 사람이 죽으면 영혼은 사후 세계로 가지만 시간이 지나면 다시 시신으로 돌아와 부활할 것이라 믿었다. 이때 육체가 온전해야 다시 살아날 수 있다고 생각하여 부패에 대한 온갖 지식을 동원하여 시신을 방부한 것이다. 반면 별도의 처리 없이 자연 상태로 거의 완벽하게 보존된 위구르의 미라는 이 지역이 얼마나 덥고 건조한 지를 간접적으로 보여 준다.

타클라마칸 사막의 면적은 약 250,000km^{2}로 한반도보다 조금 더 넓다. 만일 길을 잃으면 몇 날 며칠을 걸어도 끝내 헤어 나오지 못할 수 있다. 수천 년 전 이 가혹한 땅을 스쳐지나간 수많은 순례자, 상인, 탐험가들 중 일부는 그렇게 무더위 속에서 목숨을 잃었다.

이처럼 메마른 사막의 평균 연간 강수량은 250mm로 우리나라 강수량의 약 20%에 불과하다. 또한 지구상에서 가장 건조한 땅으로 알려진 칠레 북서부 아타카마 사막의 연간 강수량은 고작 10mm이다. 심지어 국부적으로는 몇 년간 비가 단 한 방울도 내리지 않은 지역도 있다. 마치 화성을 연상시키는 이 곳은 동식물은커녕 미생물조차도 살기 어려운 환경으로 알려져 있으며, 실제로 화성 관련 실험과 영화 촬영을 여기서 진행하기도 한다.

한편 최근 지구 온난화에 따라 전 세계적으로 사막의 면적은 급속히 넓어지고 있다. 사막화desertification가 가장 심각하게 진행되고 있는 몽골의 경우 지난 30년 동안 사막이 전체 국토의 40%에서 78%까지 증가하였다. 또한 세계에서 가장 넓은 사막인 사하라 사막은 현재도 연평균 10km의 속도로 사막이 확장되고 있다. 유엔환경계획UNEP이 발표한 바에 따르면 전 세계적으로 매년 60,000km²의 땅이 사막으로 바뀌고 있는데, 이는 서울 면적의 100배에 해당한다.

사막desert의 어원은 라틴어로 '버려진 땅dēsertum'이다. 앞서 이야기한 대로 사막의 생명체들은 수분이 절대적으로 부족하고 한낮에는 기온이 무척 높아 생존하기 힘든 환경에 살고 있다. 그리하여 사막의 동식물은 기후에 적응하기 위해 저마다 신체의 구조적 특징을 가지고 있다.

예를 들어 사막여우fennec fox의 얇고 커다란 귀는 낮에 열을 배출하는 역할을 하며, 수북한 털은 밤에 몸을 따뜻하게 유지시켜 준다. 또한 전갈은 온몸이 딱딱한 껍질로 둘러싸여 체내의 수분이 밖으로 빠져나가는 것을 철저히 막는다. 그리고 사막꿩은 친수성 구조의 깃털에 오아시스의 물을 잔뜩 머금고 둥지로 돌아와 새끼들에게 전해 준다. 이처럼 버려진 땅에서 극한의 환경에 적응하며 사는 동식물들은 어떤 생존 전략을 가지고 있는지 자세히 알아보자.

물구나무 서는 딱정벌레

아프리카 남서부 나미비아 공화국의 광활한 나미브 사막 Namib Desert 은 모래 바다라 불린다. 마치 바닷속처럼 모래 언덕인 사구sand dune 를 비롯하여 퇴적 과정을 통해 생긴 구릉 inselberg, 암석 평원pediplain, 요함지playa 등과 같은 지형도 존재한다. 이 지역은 연간 강수량이 20mm에 불과하지만 남대서양에 인접한 덕분에 안개가 자욱한 해안 사막coastal desert 이다. 사시사철 물 부족에 시달리는 딱정벌레는 놀랍게도 열악한 환경에 적응하여 스스로 마실 물을 만들어 낸다.

태양이 떠오르기 전 뿌연 안개가 낀 이른 아침, 부지런한 딱정벌레는 밤새 기다렸다는 듯 머리를 아래로 향하고 물구나무 headstand 를 서서 등을 세운다. 바람에 흩날리는 미세한 물방울이 딱정벌레의 등껍데기에 부딪혀 어느 정도 쌓이면 중력으로 인해 조금씩 흘러내리는데 그 물방울을 섭취하는 것이다. 생존을 위한 물 한 방울의 소중함을 몸소 경험하는 셈이다.

딱정벌레의 이러한 집수water harvesting 방식은 유체역학을 연구하는 과학자들에게도 관심 대상이다. 미국 일리노이대학교 기계산업공학과 연구진은 딱정벌레가 물을 최대한 많이 모을 수 있는 자세에 대해 연구하였다. 딱정벌레가 완전히 수직으로 서 있는 자세부터 수평으로 누워 있는 자세까지 등껍데기 각도에 따라 달라붙는 수분의 양을 계산한 것이다. 그 결과 컴퓨터로 유

물 한 방울을 얻기 위해 힘겹게 물구나무를 서는 딱정벌레 (Unmeelan Chakrabarti et al., 2019)

체의 움직임을 시뮬레이션하는 전산유체역학Computational Fluid Dynamics 프로그램을 이용하여 물방울을 가장 많이 모을 수 있는 최적의 각도가 35~45°임을 밝혔다. 실제 딱정벌레가 물구나무를 서서 수평선과 이루는 각도는 약 23°로 이론상 최적의 각도는 아니지만 큰 차이는 없었다.[1]

또한 딱정벌레의 자세 외에 등껍데기의 표면 성질에 따라서도 물방울의 맺힘 정도에 차이가 난다. 물 분자와 쉽게 결합하는 성질을 친수성hydrophilicity 이라 하고 반대로 물과의 친화력이 약한 성질을 소수성hydrophobicity 이라 하는데, 표면의 소수성이 강할수록 물방울이 쉽게 맺혀서 잘 굴러 떨어진다. 딱정벌레의 등껍데기는 소수성으로 이러한 표면 특성과 최적의 자세로 건조한 환경에 적응한 것이다.

이처럼 안개를 이루는 매우 작은 물방울로부터 실생활에 필요한 물을 모으는 기술을 안개 집수fog harvesting 라 한다. 인류가 안개 또는 이슬에서 생활 용수를 얻기 시작한 역사는 15세기 잉카 제국까지 거슬러 올라간다. 잉카인들은 고산 지대에 위치한 지역 특성상 물을 구하기가 무척 어려웠고, 그 대신 '잉카의 눈물'이라 불리는 안개로부터 물을 모았다. 밤 사이 이슬이 맺힌 나무 아래 양동이를 놓아 바닥에 떨어지는 물방울을 모으는 원시적인 형태지만 간편하고 편리성이 뛰어나 현재도 페루 일부 지역에서 여전히 이 방식을 사용한다.

또한 공기 중의 수증기를 응축하여 물을 만드는 공기 우물air well이 세계 곳곳에서 발견되었다. 이 구조물은 별도의 에너지원이 필요 없는, 완전히 수동적인 형태다. 공기 우물은 지역과 시기에 따라 다양한 모양으로 제작되었지만 그 원리는 동일하다. 습도가 높은 지역의 기온이 이슬점dew point 까지 떨어지면 포화 상태가 되어 수증기가 물방울 형태로 응축되는 것이다. 예를 들어 상대 습도가 80%일 때 기온이 이슬점인 16℃ 이하가 되면 공기 중의 수분은 물방울로 뭉친다. 만일 상대 습도가 40%이면 이슬점은 6℃로 더 떨어진다. 따라서 습도가 높고 일교차가 클수록 많은 물을 얻을 수 있다.

에티오피아의 와카 워터Warka water 역시 이 지역의 특징인 큰 일교차를 이용한 집수 장치다. 이탈리아 건축가 아르투로 비토

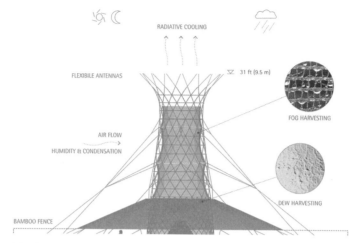

RADIATIVE COOLING

FLEXIBILE ANTENNAS

31 ft (9.5 m)

FOG HARVESTING

AIR FLOW
HUMIDITY & CONDENSATION

DEW HARVESTING

BAMBOO FENCE

대나무탑으로 만든 와카 워터는 에티오피아의 인공 오아시스다.

리Arturo Vittori는 물 부족에 시달려 온 주민들을 위해 주변에서 쉽게 구할 수 있는 대나무로 탑을 세우고 물방울이 잘 맺히는 나일론 그물을 설치하여 밤새 물방울을 모았다. 2012년 처음 와카워터가 만들어진 이후 개선을 거듭하여 현재는 10m 높이의 대나무 탑으로 하루 평균 약 100L의 물을 얻는다.

또한 캐나다 과학자들이 발명한 포그 캐쳐fog catcher 역시 와카 워터와 비슷한 원리다. 플라스틱의 일종으로 소수성을 가진 폴리프로필렌으로 만든 그물망을 해안이나 산에 설치해 안개로부터 물을 수집한 뒤 망 아래 위치한 물탱크에 저장한다. 이때 모을 수 있는 물의 양은 안개의 형성 정도와 바람의 속도에 따라 달라지기 때문에 최적의 그물망 굵기와 그물코 크기 등을 감안하여 설계되었다. 캐나다의 비영리 단체 포그퀘스트 FogQuest 는 개발 도상국의 농촌 지역에 포그 캐쳐를 설치하여 생활 용수와 식수를 제공하고 있다.[2]

최근 MIT 기계공학과와 화학공학과 공동 연구진 역시 그물 망의 크기와 밀도, 표면 습윤성 wettability 등의 영향을 고려하여 안개 집수의 효율을 높이기 위한 연구를 수행하였다. 온도, 습도, 바람 등 환경에 따라 다르지만 예전에는 공기 중 수분의 약 2% 를 수확하는 데에 그친 반면 요즘은 기술의 발전으로 약 10%까지 증가하였다. 이는 1m² 면적의 그물망으로 공기 중에서 하루 10~20L의 물을 만들어 낼 수 있음을 의미한다. 딱정벌레 등껍데기에서 얻은 기발한 아이디어는 이제 사막의 인공 오아시스가 되었다.[3]

한편 선인장은 가시와 거친 줄기의 표면을 이용해 대기 중의 수분을 물로 응결시키는 능력을 가지고 있다. 미국 캘리포니아공대 연구진은 선인장의 표면 구조에서 아이디어를 얻어 물을 얻는 장치를 개발하였다. 연구진은 친수성의 하이드로젤 막 hydrogel membrane 으로 미세하고 뾰족한 구조물을 제작하여 온도가 낮아 비교적 응결이 잘 되는 밤에 물방울을 모았다. 그리고 낮에는 태양열을 이용하여 밤에 모은 물을 증발 후 재응결시켜 깨끗한 물을 얻었다. 이를 상용화할 경우 별도의 에너지를 공급하지 않고 1m² 면적의 하이드로젤 막으로 무려 34L의 물을 만

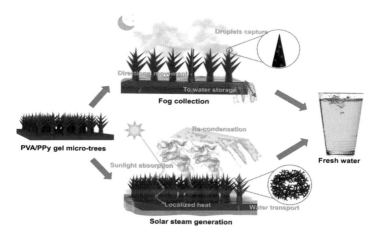

선인장 가시에서 아이디어를 얻은 미세하고 **뾰**족한 구조물은 응결에 최적화된 구조이다. (Ye Shi et al., 2021)

들어 낼 수 있다. 이는 처음에 아이디어를 얻은 선인장보다도 월등히 높은 수확률이다.[4]

오늘날 물 부족water shortage 현상은 비단 사막만의 문제가 아니라 전 세계적으로 심각한 환경 문제다. 세계보건기구WHO에 따르면 사람이 식수를 포함하여 청소와 세탁, 목욕 등 기본 생활을 위해 최소로 필요한 물의 양은 하루 100L다. 반면 환경부에서 발표한 '상수도 통계'에 따르면 2018년 기준 우리나라 국민 1인당 1일 물 사용량은 295L다. 미국 387L, 일본 311L(각 2015년 기준)에 이어 우리나라는 세계에서 세 번째로 물을 많이 사용하는 국가다. 지금처럼 전 세계적으로 물이 부족한 상황에서 우리가 물을 조금씩 아낀다면 딱정벌레가 더 이상 새벽부터 물구나무를 서지 않아도 될지 모른다.

얼룩말 줄무늬의 비밀

2003년 개봉한 영화 〈캐치 미 이프 유 캔Catch Me If You Can〉은 아버지(크리스토퍼 월켄Christopher Walken 분)로부터 배운 능수능란한 화술과 임기응변을 바탕으로 세계를 무대로 사기 행각을 벌인 프랭크(레오나르도 디카프리오Leonardo Dicaprio 분)의 일대기를 그린 영화다. 영화 초반부에 아버지는 멋진 정장을 빼입고 은행에 방문하며 아들에게 질문을 던진다.

"프랭크~ 왜 항상 양키스가 이기는지 아니?"

"미키 맨틀Mickey Mantle* 때문인가요?"

"아니, 그 빌어먹을 줄무늬에 이미 기가 꺾였기 때문이야."

미국 프로야구 메이저리그 월드시리즈에서 27번이나 우승한 명문 구단 뉴욕 양키스의 상징은 핀 스트라이프 유니폼이다. 1923년 첫 우승 이후 오랜 기간에 걸쳐 만들어진 강팀의 이미지가 강렬한 인상의 세로 줄무늬로 연상되어 경기 전부터 상대팀

---

* 미키 맨틀(Mickey Mantle, 1931~1995): 1950~60년대 메이저리그를 대표하는 강타자. 1956년, 1957년과 1962년 아메리칸리그 최우수선수로 선정되었으며, 1974년 명예의 전당에 헌액되었다. 1953년 4월 17일에 친 홈런의 비거리는 무려 565피트(172m)로 기네스북에 가장 멀리 날아간 홈런으로 기록되었다. 뉴욕 양키스는 월드시리즈 우승을 일곱 번 차지하는 데 크게 기여한 그의 공로를 기려 등번호 7번을 영구결번으로 지정하였다.

을 주눅들게 만든다는 이야기다. 우리나라로 치면 1980년대를 호령했던 해태 타이거즈의 검빨 유니폼인 셈이다.

호박에 줄 긋는다고 수박이 되지 않듯이 자연에서도 줄무늬는 단순히 디자인으로서의 패턴이 아닌 특별한 의미를 갖는다. 호랑이 같은 육식 동물의 줄무늬는 군복과 마찬가지로 상대의 눈에 띄지 않기 위한 위장색camouflage color 으로서 기능이 있으며, 초식 동물의 줄무늬는 적의 눈을 교란하기 위한 역할을 한다고 알려졌다. 특히 사막이나 초원에 사는 얼룩말의 화려한 줄무늬는 오랜 기간 수많은 사람들의 관심 대상이었다.[6]

그렇다면 얼룩말은 흰 바탕에 검은 줄무늬가 있는 것일까? 아니면 반대로 검은 바탕에 흰 줄무늬가 있는 것일까? 아프리카에 내려오는 전설에 따르면 얼룩말은 원래 흰 털만 있었는데 물 웅덩이를 놓고 개코원숭이와 싸우던 중 화재로 인해 털의 일부가 새까맣게 탔고 시간이 지나 줄무늬가 되었다고 전해진다. 하지만 이는 전설일 뿐 실제 얼룩말은 태어날 때 검은색에 가까운데 성장하면서 흰 줄무늬가 뚜렷해지며 선명한 얼룩이 완성된다.[7]

문헌상 최초로 얼룩말 줄무늬의 역할에 대해 논의한 사람은 영국의 생물학자 알프레드 월리스Alfred Wallace 다. 1867년 월리스는 얼룩말의 줄무늬가 포식자 눈에 주변의 나무나 풀숲과 혼동되어 존재를 인지하지 못하게 하는, 즉 위장에 목적이 있다고 주장하였다. 순백색의 눈으로 뒤덮인 북극의 백곰, 황금빛 초원의 사자처럼 상대방과 숨은그림찾기를 한다는 것이다. 하지만 월리스의 주장에는 치명적인 약점이 있었다. 1871년 진화론의 아버지 찰스 다윈 Charles Darwin 은 몸을 가릴 수 없는 평원에서는 줄무늬가 적의 눈에 더욱 잘 띨 것이라며 월리스의 학설을 반박하였다.

20세기에도 줄무늬에 대한 연구는 계속되었다. 영국의 동물학자 다시 톰프슨 D'Arcy Thompson 은 1917년 저술한 〈성장과 형태에 대하여 On Growth and Form 〉에서 '얼룩말은 왜 줄무늬를 가지는가'에 대한 답 대신 '줄무늬가 어떻게 만들어지는가'에 대해 이야기하였다. 다시 말해 자연에 존재하는 생명체의 형태와 질서가 다윈의 자연 선택 natural selection 이론만으로 설명될 수 없다고 주장하였다. 이후에도 생물학자뿐 아니라 물리학자, 수학자 등에 의해 줄무늬는 다양한 관점에서 연구되었다.

추후에는 휘황찬란한 무늬 자체가 적을 교란시킨다는 주장도 등장하였다. 일명 다즐 위장 Dazzle camouflage 이론이다. 대비가 뚜렷한 두 가지 색으로 그려진 기하학적 무늬는 상대에게 혼란스러움을 주어 그 물체의 움직임을 정확히 파악하기 어렵게 한다는 것이다. 이 위장술은 제1차 세계대전에서도 활발히 사용되었다. 영국의 화가 노먼 윌킨슨 Norman Wilkinson 은 다즐 패턴을 군함에 적용하여 독일군에게 시각적 교란을 일으켰다. 레이더 기술이 지금처럼 발전하지 않았던 당시에는 육안으로 군함의 진행 방향과 속도를 판단해야 했는데, 화려한 무늬 때문에 군함의 움

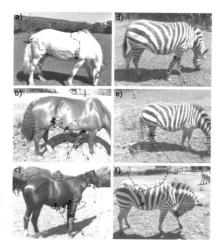

빨간 화살표는 흡혈 파리의 이동 경로로 얼룩 무늬에는 흡혈 파리가 잘 달라붙지 않는다. (Tim Caro et al., 2019)

직임을 제대로 알아차리고 공격하기가 쉽지 않았던 것이다.

얼룩말 줄무늬의 존재 이유를 설명하는 또 다른 이론도 있다. 군집 생활을 하는 얼룩말의 특성상 상대가 멀리서 얼룩말 무리를 보면 한 마리의 매우 큰 동물로 보이거나 한 마리만 집중하여 쫓는 맹수에게 얼룩말 개체가 명확히 구분되지 않아 쉽게 공격받지 않을 것이라는 의견이다.

하지만 여러 주장 중 최근 수십 년간 가장 유력하게 받아들여진 학설은 체체파리 tsetse fly 이론이다. 1930년 생물학자 해리스 Harris 는 아프리카에서 유행하는 수면병 sleeping sickness 의 원인인 흡혈 파리에 주목하였다. 그리고 그 이유를 정확히 설명하지 못하였지만 흡혈 파리의 일종인 체체파리가 얼룩말에 잘 달라붙지

않아 질병 관리에 유리하다고 주장하였다.[8]

2019년 캘리포니아대학교 데이비스캠퍼스 팀 카로^{Tim Caro}는 실험을 통해 체체파리 이론을 검증하기로 마음먹었다. 그의 실험 결과에 따르면 체체파리는 줄무늬에 혼란을 느껴서인지 단일 색의 말에 비해 얼룩말에 덜 달라붙는다는 사실을 확인하였다. 마치 이발소 앞에서 빙글빙글 돌아가는 기둥^{barber pole}처럼 보는 사람을 현혹시킨다는 주장이다.[9]

연구진은 영국 남서부 서머싯의 한 농장에서 동일한 종류의 말에 무늬 없는 흰 옷과 검은 옷 그리고 진한 줄무늬가 있는 옷을 입히고 파리가 말에 어떻게 접근하는지 관찰하였다. 그 결과 파리들이 흰 옷과 검은 옷을 입은 말에는 상대적으로 쉽게 다가가는 반면 줄무늬 옷을 입은 말에 접근할 때는 큰 혼란을 겪는 것으로 나타났다. 파리들이 줄무늬 위에 제대로 안착하지 못하고 충돌하거나 그 충격으로 비틀거리는 모습을 보였다. 또한 갑자기 방향을 180° 돌려 공중으로 날아오르기도 했다. 다시 말해 줄무늬가 파리의 위치 감각에 혼란을 불러일으킨 것이다. 반면 줄무늬 옷을 입은 말이더라도 옷을 입지 않은 부위인 머리는 다른 말들과 별 다른 차이가 없었다.

이 결과는 다른 동물에서도 동일하게 나타났다. 일본 아이치 농업연구센터의 연구진은 검은 소에 흰색 페인트를 칠해 얼룩말과 비슷한 줄무늬를 그렸다. 그 결과 앞선 카로의 실험과 마찬가

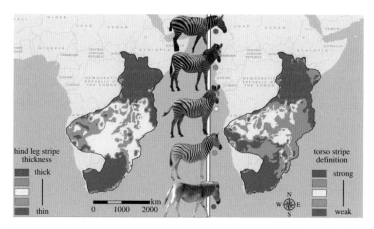

얼룩말 서식지의 온도가 높을수록 줄무늬가 굵고 선명한 경향이 나타난다. (Brenda Larison et al., 2015)

지로 이 소는 아무런 무늬도 그리지 않은 소에 비해 파리가 달라붙은 횟수가 절반 정도에 불과하였다.[10]

하지만 얼룩말 줄무늬에 대한 논쟁은 그게 끝이 아니었다. 체체파리 이론은 2015년 캘리포니아대학교 로스앤젤레스캠퍼스의 브렌다 라리슨Brenda Larison이 발표한 더운 지역일수록 얼룩말의 줄무늬가 굵고 선명하다는 주장을 설명할 수 없었다. 즉 얼룩말 줄무늬의 존재 이유가 더운 환경에 적응하기 위해서라는 이야기다. 이후 과학자들은 얼룩말 서식지의 온도와 줄무늬 선명도의 상관 관계 그리고 그 원인에 주목했다.[11]

이에 대한 여러 가설 중 하나는 유체역학적 원리인 온도 차이에 의한 대류로 설명된다. 오랜 기간 이 문제에 대해 연구해 온

영국의 동물학자 앨리슨 콥^{Alison Cobb}, 스테판 콥^{Stephen Cobb} 부부는 얼룩말의 체온 조절 이론을 주장하였다. 콥의 논문에 따르면 햇빛을 많이 흡수하는 검은 줄무늬는 흰 줄무늬에 비해 표면 온도가 12~15℃ 더 높다. 따라서 검은 털에서는 뜨거워진 공기가 상승하고 흰 털에서는 상대적으로 시원한 공기가 하강하여 기류를 순환시키며 열을 빼앗는다는 주장이다. 즉 서식지가 더 울수록 더욱 뚜렷한 줄무늬가 형성되어 강한 대류 현상을 발생시키고 이로 인해 체온을 낮춘다는 의미다.[12]

수백 년 동안 내려온 얼룩말 줄무늬의 비밀은 여전히 베일에 싸여 있다. 그리고 어쩌면 얼룩말 자신도 아직 그 이유를 명확히 모를 수도 있다.

줄무늬 vs. 점무늬

자연계에는 다양한 무늬가 존재한다. 앞서 살펴본 얼룩말의 줄무늬 외에도 기린의 그물무늬, 나비와 공작의 눈꼴 무늬, 자바리의 얼룩무늬, 조개의 방사형 무늬, 표범의 점무늬 등이 있다. 이 중에서도 특히 표범의 점무늬는 얼룩말의 줄무늬와 오랜 비교 대상이다. 이러한 무늬의 차이는 어떤 이유에서 비롯된 것일까? 다시 말해 왜 어떤 동물들은 줄무늬를 가지고 있고, 다른 어떤 동물들은 점무늬를 지니고 있을까?

평소 생물에 관심이 많았던 영국의 수학자 앨런 튜링Alan Turing*은 1952년 "형태발생의 화학적 기초the chemical basis of morphogenesis"라는 논문을 발표하였다. 이 논문에서 튜링은 두 종류 이상의 분자가 서로 반응하면서 확산에 의해 주위로 퍼져 나

---

* 앨런 튜링(Alan Turing, 1912~1954): 영국의 수학자이자 논리학자. 제2차 세계대전 시 독일군의 난해한 암호 체계인 에니그마(Enigma)를 해독하는 데 크게 공헌하여 대영제국훈장을 받았다. 그러나 동성애자였던 튜링은 당시 영국에서 동성애를 법으로 금지하여 무척 괴로워하다가 청산가리를 주입한 사과를 먹고 스스로 목숨을 끊었다. 사후에 컴퓨터공학 및 정보공학의 이론적 토대를 마련한 선구자로 인정받았으며, 1966년 미국계산기학회는 그의 이름을 딴 튜링상(Turing Award)을 제정하였다.

갈 때 반응 정도에 따라 다양한 무늬가 저절로 만들어진다는 사실을 수학적으로 밝혔다. 이 현상을 설명하는 방정식을 반응-확산 방정식 reaction-diffusion equation 이라 하며, 이러한 반응에 의해 만들어진 형태를 튜링 패턴 Turing pattern 이라 한다.

또 다른 영국의 수학자 이언 스튜어트 Ian Nicholas Stewart 에 따르면 점무늬는 줄무늬를 만들고자 하는 상태가 불안정하여 생겨난 무늬다. 표범의 점무늬가 대표적인 예다. 표범의 몸통은 전체적으로 점무늬를 갖고 있지만 가느다란 꼬리는 표면적이 좁은 말단으로 갈수록 고리 모양의 줄무늬에 가깝다. 이 현상은 러시아 화학자 보리스 벨로소프 Boris Belousov 가 처음 실험을 통해 발견하였고, 후에 러시아 생물물리학자 아나톨 자보틴스키 Anatol Zhabotinsky 가 추가로 연구를 진행하여 오늘날 벨로소프-자보틴스키 반응 Belousov–Zhabotinsky reaction, 간단히 B-Z 반응이라 불린다.

한편 영국 옥스퍼드대학교 수학과 제임스 머레이 James Murray 교수는 어린 딸과 이야기하다가 동물마다 무늬가 다르다는 점에 흥미를 느끼고 연구에 착수하였다. 2002년 머레이가 발표한 연구 결과에 따르면 무늬의 차이는 어미 배 속에 태아로 있을 때 털을 검게 만드는 활성제 activator 와 이를 막는 억제제 inhibitor 의 상호 작용에 따라 결정된다. 즉 얼룩말은 작은 태아일 때 두 물질 중 활성제가 주도적인 역할을 하며 퍼져 나가서 줄무늬가 생성되는 데 반해 치타는 태아가 비교적 클 때 억제제가 지배적으로 작용하여 점무늬가 생성된다. 그리고 만일 태아가 매우 작으면 억제제가 나오더라도 팬더처럼 하나의 큰 점으로 발현된다. 또한 동일한 개체더라도 신체 부위의 크기와 모양에 따라 패턴이 다르게 나타나기도 한다. 이러한 이유로 치타는 몸통의 대부분이 점무늬이지만 꼬리에는 점무늬와 줄무늬가 섞여 있다. 반면 얼룩말은 온통 줄무늬이고 꼬리에도 점무늬가 나타나지 않는다. 그리고 코끼리처럼 태아의 크기가 매우 큰 동물은 다수의 반응이 섞여 무늬 없이 한 가지 색을 띤다.

이와 관련하여 더 깊이 알고 싶은 분들에게 EBS 다큐멘터리 "치타가 삼킨 방정식", 필립 볼Philip Ball의 〈모양〉, 키스 데블린Keith Devlin의 〈수학으로 이루어진 세상〉, 이언 스튜어트Ian Stewart의 〈생명의 수학〉을 추천한다.

식물들의 생존 분투기

땅 위를 기어다니는 동물은 하늘을 훨훨 날 수 있는 새를 동경한다. 하지만 땅에 뿌리를 내리고 사는 식물 입장에서는 이리저리 자유롭게 이동할 수 있는 포유류마저 부럽다. 대부분의 식물은 생을 마감할 때까지 평생 태어난 자리에서 살 수 밖에 없기 때문이다. 따라서 다른 곳으로 도망갈 수도 없어 초식 동물의 만만한 먹잇감이 된다. 이처럼 식물은 능동적인 활동에 제약이 있어 열악한 환경에서 생존하는 데 불리한 듯 보이지만 사실 지구상에 현존하는 가장 오래된 생물은 동물이 아니라 식물이다.

미국의 사진작가 레이첼 서스만Rachel Sussman은 전 세계를 돌며 오랫동안 살아남은 나무들을 찾아다닌다. 그의 작품집 〈위대한 생존The Oldest Living Things In The World 〉에는 최소 2,000살 이상인 고목들의 모습이 즐비하다. 미국 캘리포니아 인요 국립공원에 위치한 므두셀라Methuselah 가 대표적인 예다. 므두셀라의 나이는 4,800살이 넘는데, 이는 우리나라의 역사와 비슷하니 실로 어마어마하다. 참고로 장수의 상징인 바다 거북의 수명은 약 100년 수준이다.

그렇다면 나무의 수령은 어떻게 측정할 수 있을까? 가장 확실한 방법은 직접 나무 단면의 나이테를 세는 것이다. 그러나 살아 있는 나무를 벨 수는 없으므로 주로 생장추increment borer 라 부르는 도구를 사용한다. 속이 빈 쇠파이프 끝에 나사형 날이 붙어 있는 생장추로 나무에 구멍을 뚫은 다음, 추출기extractor 로 빼낸 시편의 나이테를 세는 방식이다. 물론 나무의 생명에는 거의 지장이 없다.

앞서 살펴보았듯 동물보다 오히려 식물이 강한 생명력을 갖는 경우도 흔하다. 추운 겨울날을 참고 견디어 낸다는 의미의 인동초忍冬草 역시 강인함을 상징하는 대표적 식물이다. 반대로 여름철에는 대부분의 식물이 뜨거운 햇빛 덕분에 광합성이 촉진되어 생장에 유리하지만 어디까지나 충분한 수분이 공급되는 조건에서의 이야기다. 그렇다면 물이 부족한 극한 환경인 사막에서 식물은 어떻게 적응하고 살아갈까?

1. 바람에 맞선 사구아로 선인장

뜨거운 태양을 피할 수도, 시원한 물을 찾아 떠날 수도 없는 식물이 살기에 사막의 자연 환경은 너무나 가혹하다. 그럼에도 불구하고 사막하면 가장 먼저 떠오르는 선인장은 비교적 적응에 성공한 식물이다. 특히 미국 애리조나 소노라 사막의 아이콘, 사구아로 선인장Saguaro Cactus 은 수명이 무려 150년이 넘을 정도로 강한 생존력을 가지고 있는데, 여기에는 여러 비밀이 숨어 있다.

우선 선인장의 잎은 대부분 가시 형태다. 일반적인 잎의 주요 기능은 햇빛을 받는 것인데 태양이 작열하는 사막에서는 그 역할이 매우 작다. 따라서 선인장은 잎의 표면적을 극단적으로 줄

사구아로 선인장의 독특한 모양새는 사막에 생존하는 데에 최적화된 결과물이다.

여 수분의 증발을 억제하였다. 덤으로 뾰족한 가시는 동물들에게 먹히지 않기 위한 일종의 보호 장치기도 하다.

또한 사구아로 선인장은 큰 키에도 불구하고 강한 바람에 쓰러지지 않고 굳건히 버틴다. 사구아로 선인장의 키는 8~15m, 직경은 30~80cm인데, 어떠한 방향에서 초속 30m가 넘는 바람이 불어도 뿌리가 뽑히지 않고 건재하다. 그 이유는 사구아로 선인장 표면의 복잡한 기하학적 형상 덕분이다.

선인장 표면에는 축 방향으로 10~30개의 V자 홈들이 있는데, 이 홈은 일종의 저수지 역할을 한다. 비가 많이 내리는 우기에는 선인장이 물기를 흡수하며 부풀어 홈이 희미해지고 건조한 시기에는 반대로 물을 내뿜어 홈이 깊어지고 선명해진다. 공기의 흐름에 관심이 많은 항공공학자들은 이러한 사구아로 선인장의 구조가 비행기에 응용될 수 있다는 사실에 흥미를 느꼈다.

미국 스탠퍼드대학교 기계공학과 연구진은 사구아로 선인장과 유사한 원통형 물체를 제작하여 그 주변 유동을 분석하였다. 실험 결과 선인장의 홈은 수분을 흡수할 뿐만 아니라 강한 바람이 불 때 공기 저항을 줄인다. 구조적으로는 반경 대비 홈 깊이의 비율이 높을수록 공기 저항 계수가 작아진다. 다시 말해 동일한 직경일 때 홈이 깊을수록 공기 저항이 감소하여 바람에 잘 버틸 수 있다. 그 이유는 홈으로 인해 불규칙한 공기 흐름인 난류 turbulent flow가 발생하기 때문이다.[13]

참고로 골프공에서도 비슷한 현상을 발견할 수 있다. 골프가 처음 시작된 시기에는 골프공 표면이 매끈하였다. 이때는 공이 귀했던 시절이어서 한 번 썼던 공을 오래 사용했는데, 표면에 흠집이 생길수록 공이 더 멀리 날아간다는 사실을 경험적으로 알게 되었다. 결국 나중에는 일부러 딤플dimple이라 부르는 홈을 만들었으며, 이로 인해 공기 저항이 줄어들었고 결과적으로 공이 더 멀리 날아가게 되었다. 사구아로 선인장의 홈 역시 동일한 원리로 작용하여 공기 저항을 감소시켜 사막의 강한 바람에도 쓰러지지 않고 꿋꿋이 자리를 지킨다.

에펠 역설

유체의 흐름은 꿀처럼 점성이 커서 매우 천천히 흐르는 층류 laminar flow와 비행기 날개 주변의 유동이나 담배 연기처럼 빠르고 복잡한 형태의 난류로 나뉜다. 유체역학적으로 층류와 난류는 영국의 공학자 오즈본 레이놀즈Osborne Reynolds가 고안한 레이놀즈 수Reynolds number에 따라 구분된다. 레이놀즈 수의 물리적 의미는 점성력에 대한 관성력의 비율이다. 즉 끈적끈적한 성질에 비해 움직이려는 성질이 강할수록 레이놀즈 수가 크다.

만일 레이놀즈 수가 0이면 유체가 흐르지 않거나 이론적으로 점성이 무한히 큰 유체를 의미한다. 이때 물체가 움직여 주변 유체의 속도가 빨라질수록 다시 말해 레이놀즈 수가 증가할수록 공기 저항 역시 커진다. 자동차를 운전할 때 속도를 높일수록 강한 공기 저항을 받는 것과 마찬가지다.

레이놀즈 수가 점점 커져 약 150,000에 가까워지면 유체 흐름의 형태가 층류에서 난류로 바뀌며 항력 계수drag coefficient가 갑자기 감소하는데, 이를 항력 고비drag crisis라 한다.

이 현상은 에펠탑의 설계자로 널리 알려진 프랑스의 건축가 구스타브 에펠Gustave Eiffel*이 1912년에 처음 발견하여 에펠 역설 Eiffel paradox이라고도 한다. 그 전까지는 레이놀즈 수가 증가하더라도 항력 계수는 약간 감소하거나 거의 일정한 것으로 알려졌는데, 실제로는 특정 레이놀즈 수가 되면 순간적으로 항력 계수가 급격히 감소하는 구간이 나타난다. 공기 저항력은 항력 계수와 단면적에 비례하므로 항력 계수가 작으면 바람에 맞서기 유리한 조건이 된다.

한동안 유체역학자들을 당혹스럽게 했던 이 역설은 1914년 독일 물리학자 루트비히 프란틀Ludwig Prandtl이 제시한 경계층 이론boundary layer theory으로 명쾌하게 설명되었다. 공기처럼 점성이 매우 작은 유체는 일반적으로 점성을 무시할 수 있지만 물체 표면 근처의 매우 얇은 층 안에서는 점성의 영향을 많이 받는다. 이때 그 얇은 층을 경계층이라 한다.

공기의 속도가 느린 층류 구간에서는 경계층에서 공기가 떨어져 나가는 유동 박리flow separation가 일어나 유동 저항이 크다.

---

* 구스타브 에펠(Gustave Eiffel, 1832~1923): 프랑스의 물리학자이자 건축가. 전 세계에서 가장 유명한 탑인 에펠탑을 설계 및 시공하였다. 이 탑을 건설할 때 흉물스럽다는 이유로 반발 여론이 거셌고 당시 정부에서 지원한 예산은 150만 프랑뿐이었다. 나머지 예산을 모두 에펠의 재산으로 충당하는 대신 완공 후 20년 동안 에펠탑으로 인한 수익을 가질 수 있는 권리를 얻었다. 그 결과 몰려드는 관광객 덕분에 3년 만에 투자비를 모두 회수하고 남은 기간 동안 투자금의 몇 배를 거두어들였다. 참고로 미국 자유의 여신상 내부도 에펠이 설계하였다.

하지만 층류에서 난류로 바뀌는 천이 구간^{transition region}에서는 순간적으로 유동 저항이 감소한다. 이후 레이놀즈 수가 계속 증가하면 항력 계수는 다시 서서히 증가한다.

2. 뿌리 깊은 나무 메스키트

'불휘 기픈 남간 바라매 아니 뮐쌔.' 이 문장은 훈민정음으로 쓴 최초의 책 〈용비어천가〉에서 가장 널리 알려진 구절로 나무에서 뿌리의 중요성을 여실히 보여 준다. 지금처럼 식물학이 발달하지 않았던 조선 시대에도 선조들은 뿌리가 양분과 수분을 빨아올리고 줄기를 지탱하는 기관임을 알고 있었던 것이다.

대부분의 식물은 뿌리로 땅속의 물을 흡수하여 줄기를 통해 잎으로 전달한다. 단순해 보이는 이 과정에는 복합적인 과학 원리가 숨어 있다. 우선 땅속의 물은 농도가 낮으므로 삼투 현상에 의해 세포막을 통과하여 뿌리 내부로 들어온다. 그리고 물과 필수 무기 양분을 나르는 통로인 물관xylem은 모세관 현상을 통해 물을 잎까지 끌어올린다. 잎에 도달한 물은 눈에 보이지 않을 정도로 작은 기공stoma을 통해 밖으로 빠져나가는데, 이를 증산 작용transpiration이라 한다. 증산 작용은 일종의 증발 현상이기 때문에 햇빛이 강할수록, 습도가 낮을수록, 온도가 높을수록, 바람이 세게 불수록 활발히 나타난다.

땅속의 물이 중력을 거슬러 키 큰 나무 꼭대기까지 공급될 수 있는 이유는 증산 작용뿐만 아니라 모세관 현상, 삼투압, 물 분자끼리 서로 끌어당기는 표면장력 등의 요인이 복합적으로 작용하기 때문이다. 이 중 가장 핵심적인 역할을 하는 모세관 현상으로 끌어올릴 수 있는 물의 높이h는 다음 공식으로 설명된다.

$$h = \frac{2\sigma\cos\theta}{\gamma R}$$

여기서 σ는 액체의 표면장력, θ는 액체와 관이 이루는 각도, γ는 액체의 비중, R은 관의 반경이다. 따라서 물관이 가늘수록 물은 높이 상승할 수 있다.

이처럼 식물이 물을 흡수하는 전체 과정을 볼 때 결국 수분은 뿌리로부터 공급이 시작되므로 나무가 클수록 뿌리 역시 클 것이라 예상할 수 있다. 또한 건조한 환경에서는 물을 조금이라도 더 흡수하기 위해 뿌리를 깊게 내릴 것이다. 이러한 이유에서 같은 크기의 나무라도 열대 우림보다 사막에서 뿌리가 더 깊숙이 성장한다. 참고로 소나무, 은행나무처럼 뿌리가 땅속 30cm 넘게 자라는 성질을 심근성deep rooted 이라 하며, 이 특성은 물이 많은 환경에서는 뿌리가 얕은 천근성shallow rooted 으로 변하기도 한다.

대체적으로 나무의 뿌리는 키보다 짧은 경우가 대부분이다. 그러나 간혹 땅 위의 키보다 오히려 땅속으로 깊이 뿌리를 내리는 나무도 있다. 그런 점에서 메스키트mesquite 는 매우 독특한 나무다. 메스키트는 멕시코와 미국 남부에서 흔히 볼 수 있는 콩과 식물로 키는 보통 수 미터에 불과하지만 뿌리가 최대 수십 미터에 달한다. 평소 이 거대한 뿌리로 땅속의 물을 빨아들여 저장해 놓고 가뭄을 버틴다.

참고로 1974년 아프리카 남부의 칼라하리 사막에서 땅속으로 무려 68m까지 뿌리를 내린 보샤 알비트렁카^{Boscia albitrunca} 가 발견된 바 있다. 현대 건축에서는 경제성과 효율성을 고려하여 대개 30m 깊이의 지하 6층까지만 시공하는 경우가 많으니 나무 뿌리가 인간이 지은 건축물보다 2배는 더 깊이 내려간 셈이다.[14]

3. 물방울 마시는 이끼

앞서 이야기한 메스키트의 예에서 볼 수 있듯이 사막의 식물들은 항상 부족한 물을 최대한 흡수하기 위해 뿌리를 넓고 깊게 내린다. 하지만 마른 수건을 아무리 쥐어짜도 물이 나오지 않듯 땅속 깊이 들어가도 메마른 땅에서 얻을 수 있는 물은 한계가 있다. 그래서 아예 땅속의 물을 포기하고 공기 중의 수분에서 필요한 물을 얻는 식물도 있다.

세상에서 가장 흔한 사막 이끼 중 하나인 신트리키아 카너비스^{Syntrichia caninervis} 는 미국 모하비 사막에서 일부 유럽을 거쳐 중국 구얼반퉁구터 사막에 이르기까지 북반구의 육지에 널리 분포한다. 이 이끼는 날씨가 건조하면 탈수 상태가 되어 어두운 갈색 또는 검은 색을 띤다. 그러나 안개가 끼거나 비가 내려 다시 습한 상태가 되면 이끼 표면은 금세 녹색으로 뒤덮인다. 이끼의 잎을 현미경으로 확대하면 까끄라기^{awn} 라 불리는 매우 미세한 돌기를 관찰할 수 있는데, 이 돌기가 공기 중의 수분을 포착하는 데 중요한 역할을 한다.

미국 유타주립대학교 기계항공공학과 태드 트러스콧Tadd Truscott 교수가 발표한 논문에 따르면 까끄라기는 깊이 100nm, 너비 200nm의 미세한 홈groove으로 뒤덮여 있다. 그리고 이 홈은 깊이 1.5μm, 너비 3μm의 골trough 속에 있다. 참고로 1nm(나노미터)는 10억분의 1m, 1μm(마이크로미터)는 100만분의 1m이며, 머리카락 굵기는 보통 100μm다.

이처럼 나노미터 규모와 마이크로미터 규모를 모두 가지고 있는 계층 구조는 다양한 형태의 수분을 모으는 데 효과적이다. 먼저 나노 홈은 공기 중의 수분이 쉽게 응결되도록 핵 형성nucleation을 돕는다. 이로써 물방울이 홈에 자연스레 흡착되고 점점 커져서 특정 크기가 되면 표면장력에 의한 모세관 현상으로 물방울은 까끄라기를 따라 잎으로 움직인다. 까끄라기의 원뿔 모양으로 인해 형성된 라플라스 압력Laplace pressure이 물방울을 이동시키는 것이다. 라플라스 압력은 물방울과 공기의 경계면 내부와 외부 사이의 압력 차이다. 물방울이 까끄라기를 따라 잎을 향해 이동하면 동일한 위치에 다시 새로운 물방울이 탄생한다. 그리고 이 과정은 안개에 노출되어 있는 동안 계속 반복된다.

안개보다 더 큰 규모의 수분인 비는 사막 이끼의 또 다른 중요한 수원이다. 부드러운 잎사귀와 빼곡한 까끄라기의 미세 구조는 충돌하는 빗방울의 대부분을 흡수하고 튀는 것으로 인한 손실을 줄인다. 이끼의 집수 및 운송 방식은 나노미터에서 마이크로미터에 이르는 다중 구조를 기반으로 하는 통합 집수 시스템이다. 식물과 동물이라는 점은 다르지만 물구나무 서는 딱정벌레와 유사한 방식으로 건조한 환경에서 살아남은 것이다. 연구진은 후속 연구로 인공 까끄라기를 활용한 안개 집수 장치를 개발하고 있다.[15]

전 세계 인구의 30%는 아직도 깨끗한 식수를 구할 수 없는 상황에 놓여 있다. 만일 사막과 같은 건조한 환경에서 수분을 지속적으로 포획할 수 있는 기술이 상용화되면 심각한 물 부족 문제가 다소 해결될 것으로 기대된다.

4. 공중 식물과 회전초

만일 신트리키아 카니너비스처럼 식물이 땅속의 수분을 과감히 포기하면 뿌리의 속박으로부터 벗어나 자유를 얻을 수 있다. 공중 식물air plant 로 알려진 틸란드시아tillandsia 가 대표적인 예다. 틸란드시아는 땅에 뿌리를 내리지 않고, 뿌리는 오로지 어딘가에 달라붙기 위해서 발달한 착생 식물의 한 종류다. 이 식물이 뿌리에서 수분을 흡수하지도 않고 별도의 물통이 없어도 생존할 수 있는 이유는 바로 잎의 구조에 있다.

틸란드시아의 잎에는 트리콤trichome 이라 부르는 매우 작은 솜털들이 가시처럼 박혀 있다. 이 털은 물에 젖으면 녹색을 띠고, 물이 모자라면 은회색을 띠는데 이로써 수분이 부족한지 충분한지를 파악할 수 있다. 현미경으로 솜털을 확대하여 자세히 살펴보면 깔때기 모양으로 가운데에 구멍이 나 있다. 비가 올 때 털들은 빗방울을 구멍으로 보내고 물은 삼투압의 원리에 의해 흡수된다.

뿌리 역할을 하는 잎의 털들은 약 45°로 비스듬히 서 있는데, 이는 빗방울을 최대한 많이 흡수하기 위한 최적의 각도다. 털이 수직으로 서 있으면 빗방울을 제대로 받지 못하고, 털이 누워 있으면 빗방울의 대다수가 튕겨 나간다. 틸란드시아의 솜털은 하늘에서 떨어지는 빗방울이 최소로 튕겨 나가면서 미끄러지듯 물길을 따라 흘러가는 구조로 이루어져 있다.[16]

최근 칠레의 과학자들은 아타카마 사막의 틸란드시아가 물방울을 어떻게 효과적으로 얻는지에 대해 연구하였다. 물의 흡수는 삼투 현상에 의해 비교적 쉽게 이루어지는 데에 반해 증발은 수증기 상태의 물이 트리콤 벽을 통과해야 비로소 확산된다. 즉 들어오기는 쉬워도 나가기는 힘든 구조이다. 연구진은 트리콤 구조를 모사한 인공 합성막을 제작하여 이 메커니즘을 확인하였다. 이러한 트리콤 고유의 특성은 움직이는 부품이 없으며 유체를 한 방향으로만 흘리는 미세유체 밸브를 개발하는 데 도움될 것으로 기대된다.[17]

한편 틸란드시아 솜털의 미세한 구조는 물방울만 잘 흡수하는 것이 아니다. 최근 심각한 환경 문제로 대두되는 미세 먼지 제거에 탁월한 효과가 있는 것으로 밝혀졌다. 특히 지름이 2.5㎛ 이하인 초미세 먼지의 경우 틸란드시아가 없을 때와 비교하여 10~15%가 제거된다는 사실이 확인되었다. 이 역시 미세 먼지가 틸란드시아의 솜털 구조에 흡착되기 때문이며, 이 성능은 다른 공기 정화 식물에 비해서도 매우 탁월하다.[18]

땅에 뿌리 내리지 않은 틸란드시아보다 한 단계 더 발전한 식물도 있다. 미국 서부 영화의 황량한 사막에 자주 등장하며, 실 뭉치처럼 굴러다니는 풀더미인 회전초tumbleweed다. 회전초는 물이 부족한 상황이 되면 온몸이 바싹 말라버린다. 그리고 뿌리 또는 줄기가 끊어져 땅으로부터 자유로워지면 바람이 부는 대로 이리저리 구르기 시작한다.

부피는 크지만 엉성한 구조의 회전초는 무게가 그리 많이 나가지 않는다. 즉 밀도가 낮아 약한 바람에도 쉽게 굴러다니고 심지어 강한 바람에는 하늘을 날아다니기도 한다. 바람이 매우 심하게 부는 날이면 회전초는 하루에 수 킬로미터씩 이동하기도 한다.

또한 회전초는 여기저기 굴러다니면서 사방에 씨앗을 퍼트린다. 이처럼 실컷 떠돌다가 비가 오거나 습한 곳에 가면 아무 일도 없었다는 듯이 다시 땅에 뿌리를 내리고 줄기를 뻗으며 무럭무럭 자란다.

고대 문명의 발상지인 메소포타미아에서 발명된 바퀴는 인류

회전초는 평생을 굴러다니며 살기에 적합한 환경을 찾는다.

문명의 발전에 획기적인 역할을 하였다. 물리학 측면에서 마찰을 감소시켜 이동에 필요한 에너지를 상당히 줄일 수 있었기 때문이다. 회전초도 생존을 위해 바퀴처럼 자유롭게 굴러다님으로써 마침내 척박한 환경에 완벽히 적응할 수 있었다.

3.
함께, 다 함께

빨리 가고 싶으면 혼자 가고,
멀리 가고 싶으면 함께 가라.

-아프리카 속담-

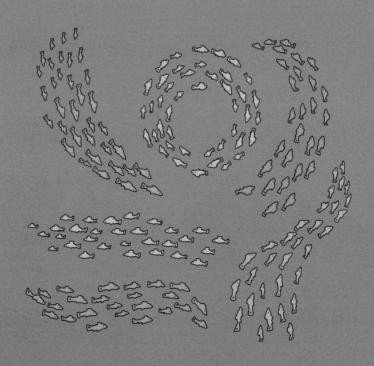

'최초의 미국인', '건국의 아버지'라 불리는 벤자민 프랭클린 Benjamin Franklin은 18세기 신대륙의 역사와 정신을 상징하는 인물이다. 영세한 양초 제조업자였던 그의 아버지는 열일곱 명의 자녀를 두었는데, 그중 열다섯째가 프랭클린이었다. 그는 가난한 유년 시절을 보냈지만 근면함과 성실함을 바탕으로 20대 초반에 출판업과 인쇄업에서 꽤나 큰 성공을 거두었다. 이후 실용 기술에 관심을 갖기 시작한 프랭클린은 다초점 렌즈와 피뢰침을 발명하는 등 과학 분야에도 많은 관심을 기울였다.

또한 프랭클린은 50세에 정치에 입문하여 1776년 미국 독립 선언서 작성에 참여했을 뿐만 아니라 미국 헌법의 초안 작성에도 기여했다. 공공 교육을 위해 펜실베이니아대학교를 설립한

벤자민 프랭클린과 그가 독립 운동 당시 그린 정치 만화

그는 사업, 과학, 외교, 정치, 교육 등 거의 모든 분야에서 위대한 업적을 남겼다. 미국 100달러 지폐에 프랭클린의 초상화가 그려져 있는 것으로 그의 위상이 어느 수준인지 알 수 있다.

미국 독립 혁명The American Revolution의 선봉에 섰던 그는 독립을 위해 모든 식민지들이 단결할 것을 호소했다. 그가 1754년에 그린 정치 만화에는 역사에 길이 남을 명언 'JOIN, or DIE.'가 실렸는데, 이 문장은 독립 전쟁 동안 식민지 세력의 단결을 장려하기 위해 적극 사용되었다. 삽화 속 뱀이 잘려진 모습은 각각의 식민지를 의미하는데, 모두 함께 해야 살 수 있다는 메시지를 강력히 전달한다.

그리고 200년의 세월이 흘러 비슷한 문장이 우리나라에서도 널리 쓰이기 시작했다. 미국에서 공부하고 돌아온 우리나라 최초의 박사 이승만 전 대통령은 신탁 통치 반대 운동을 하며 온 국민의 단결을 위해 '뭉치면 살고 흩어지면 죽는다'라고 외쳤다.

이후에도 이 문장은 전쟁, 정치, 스포츠, 외교 등의 분야에서 협동과 공동체 의식을 강조하는 단적인 예시로 자주 인용되었다.

함께 한다는 것은 정치, 사회학적 의미뿐 아니라 생물학적으로도 커다란 의미가 있다. 이스라엘의 역사학자 유발 하라리Yuval Harari는 저서 〈사피엔스Sapiens〉에서 인간은 침팬지보다 생존에 불리한 개체임을 강조하였다. 즉 인간 한 명과 침팬지 한 마리의 대결에서는 침팬지가 승리할 가능성이 높다. 하지만 각자 집단을 이루면 이야기가 달라진다. 인간 천 명과 침팬지 천 마리의 대결에서는 인간이 월등히 유리하다. 둘 다 집단 내에서 협력이 이루어지지만 그 수준이 다르기 때문이다. 이것이 바로 인간은 세상을 지배할 수 있었던 반면 침팬지는 쓸쓸히 동물원에 갇힌 이유다.

집단성 효율이 인간만큼 높지는 않지만 동물들 역시 다양한 이유로 무리를 이루어 살아간다. 적의 공격으로부터 집단을 보호하기 위한 목적도 있고, 반대로 포식자들 역시 몰려다니며 사냥할 경우에 성공 확률이 높아진다. 밀림의 왕이라 불리는 사자도 떼를 지어 다니는 여러 마리의 사슴은 섣불리 공격하지 못하고, 뛰어난 지능을 가진 늑대는 무리를 이루어 진을 짜고 힘을 합쳐 먹잇감을 잡는다.

이처럼 포식자와 피식자는 모두 생존을 위해 무리를 이룬다. 이는 육상 동물뿐 아니라 해양 동물도 마찬가지다. 작은 물고기들은 떼를 이루어 적의 위협으로부터 벗어나고 고래처럼 큰 포식자도 여러 마리가 함께 사냥한다.

또한 집단 내부의 위생을 위해 여럿이 모여 사는 경우도 있다. 예를 들어 개미는 집단 생활을 하면서 전염성 질환의 확산을 막기 위해 상호 협력한다. 동료 개미들이 감염원인 곰팡이 포자를 서로 제거해 주어 감염을 방지하는 것이다. 일반적으로 집단 생활을 하면 밀집도가 높아지고 접촉 빈도가 늘어 전염병이 확산되기 쉬운데 오히려 그 위험성에서 벗어났다는 점이 아이러니하다.[1]

이처럼 생명체가 함께 모여 살아가는 이유와 방식은 제각각이지만 혹독한 자연 환경에서 안정적인 생존과 번식을 위해 집단 생활을 한다는 점은 동일하다. 그리고 이는 효율적인 작업을 가능하게 하여 궁극적으로 삶의 질을 향상시켜 준다. 땅 위의 개미, 하늘을 나는 새, 물 속의 물고기 그리고 눈에 보이지 않는 박테리아 등 다양한 환경의 동물들이 어떤 방식으로 함께 살아가는지 살펴보자.

흐르는 개미떼

지구상에서 가장 강한 생명체는 무엇일까? 개체의 전투력을 기준으로 한다면 코끼리나 악어, 곰 같은 맹수를 꼽을 수 있고,

만물의 영장인 인간이라 할 수도 있다. 하지만 생명력을 기준으로 한다면 개미를 빼놓을 수 없다. 개미는 지구상에서 인간보다 40배나 긴 1억 4천만 년을 생존하였다. 심지어 운석이 떨어져 공룡이 멸종된 시기에도 살아남았다. 개미는 '작지만 강하다'라는 표현에 가장 적합한 생명체다.

개미들은 기본적으로 무리 생활을 한다. 이들의 생활 양식은 놀라울 정도로 인간과 닮아 있다. 열두 살 무렵부터 20년 넘게 개미의 삶을 관찰하고 기록한 프랑스 소설가 베르나르 베르베르Bernard Werber*에 따르면 개미는 인간 못지 않을 정도로 지능이 매우 높다.[2]

개미들은 무리 생활의 이점을 살려 여럿이 협력하여 사냥과 채집으로 먹이를 구하고, 잎꾼개미leaf-cutter ants 같은 몇몇 종들은 심지어 농사도 짓는다. 이들은 나뭇잎을 잘게 찢어 거름으로 쓴다. 인간이 약 1만 년 전인 신석기 시대부터 농사를 지은 반면에 개미는 비교할 수 없을 정도로 오래 전인 6,500만 년 전부터

---

* 베르나르 베르베르(Bernard Werber, 1961~): 프랑스의 소설가. 일곱 살 때부터 단편 소설을 쓰기 시작하였으며, 고등학생 때는 만화와 시나리오에 탐닉하며 만화 신문을 발행하였다. 1979년 툴루즈 제1대학에 입학하여 법학을 전공하고 국립 언론 학교에서 저널리즘을 공부했다. 이후 저널리스트로 활동하며 과학 잡지에 개미에 관한 평론을 발표하다가 1991년 100번이 넘는 개작 끝에 <개미(Les Fourmis)>를 출판하였다. 베르베르의 저서는 35개 언어로 번역 및 출판되었으며, 전 세계적으로 2,300만 부 이상 판매되었다. 여러 나라 중 유독 한국에서 압도적인 인기를 얻고 있는 작가이기도 하다.

농사를 지어 왔다. 또한 개미들은 함께 굴을 파서 집을 짓고 다른 집단이 자신들의 영역을 침범할 경우에는 치열한 전쟁도 불사한다.[3]

이처럼 특정 목적에 따라 개미들의 움직임은 무척 일사불란一絲不亂하면서도 효율적이다. '개미가 절구통을 물어 간다'는 속담은 힘이 약한 개체라도 함께 힘을 모으면 거대한 일을 수행할 수 있다는 의미다. 선조들도 개미의 이런 특성을 잘 알고 있었던 듯하다.

미국의 곤충학자 윌리엄 모턴 휠러William Morton Wheeler는 1910년 출간한 〈개미: 그들의 구조, 발달, 행동Ants: Their Structure, Development, and Behavior〉에서 처음으로 집단 지성collective intelligence의 개념을 제시하였다. 휠러는 하나의 개체로는 미약한 존재인 개미가 공동체로서 협업하여 개미집을 비롯한 거대한 성과를 이루는 것을 관찰하였고, 이를 근거로 개미는 군집하여 높은 지능 체계를 형성한다고 설명하였다.

개미는 이러한 집단 지성을 이용하여 집에서 먹이까지 이동하는 여러 갈래길 중 시간이 가장 짧게 걸리는 최적 경로를 찾아내기도 한다. 앞서 간 여러 개미들이 남긴 휘발성의 화학 물질인 페로몬pheromone 향을 따라가다 보면 자연스레 최적 경로에 페로몬이 점점 많이 쌓인다. 그리고 시간이 지날수록 그 길에 대한 선호도는 더욱 확고해진다.[4]

이 원리는 컴퓨터공학에서 널리 쓰이는 개미 집단 최적화AOC, ant colony optimization 알고리즘으로 발전하였다. 특히 여행하는 외판원 문제TSP, traveling salesman problem 와 밀접한 관련이 있는데, 외판원이 여러 거래처를 들러야 할 때 최단 경로를 찾기 위한 문제다. 들러야 할 지점이 적을 때는 손으로도 간단히 풀 수 있지만 지점의 수가 많아지면 슈퍼 컴퓨터로 계산하여도 상당한 시간이 소요된다. 예를 들어 세 곳을 들른다면 경우의 수가 $3!=3 \times 2 \times 1 = 6$이지만, 10곳이면 $10!=10 \times 9 \times \cdots \times 1 = 3,628,800$, 50곳이면 무려 $30,414,093,201,713,378,043,612,608,166,064,768,844,377,641,568,960,512,000,000,000,000,000$이다. 이 문제는 택배의 배송 순서, 물류 창고의 위치 선정, 항공기의 스케줄 관리 등에 활용되기도 한다.[5]

개미의 놀라운 협동 능력은 아무것도 없는 허공에 다리를 만드는 작업에서도 찾아볼 수 있다. 중남미 개미들은 최단 경로의 길을 내기 위해 자신들의 몸을 서로 엮어서 다리를 만들고 동료들이 그 위를 지나갈 수 있도록 협조한다. 이 다리는 개미들로 이루어져 있기 때문에 유기체처럼 끊임없이 변화하며 현재 상황에 맞는 최적의 위치와 구조를 찾는다. 그리고 다리를 구성하는 개미와 그 다리를 통과하는 개미 역시 정해져 있지 않고 계속하여 자유자재로 바뀐다.

심지어 홍수가 나면 개미들은 스스로 뗏목이 되어 안전한 지

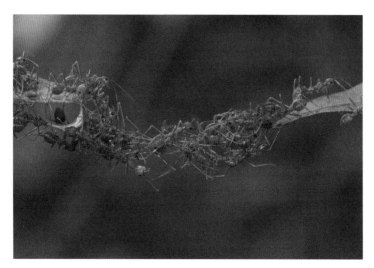

개미들은 자신의 몸을 이용하여 허공에 다리를 놓는다.

역으로 대피하기도 한다. 물론 이때도 뗏목의 모양은 계속 유기적으로 변화한다. 필요에 따라 다리가 되기도 하고, 뗏목이 되기도 하는 개미떼의 유연성은 놀라울 정도다.[6]

미국 조지아공대 기계공학과 연구진은 이러한 개미들의 움직임이 고체 또는 액체와 상당히 유사하다는 점을 발견하였다. 유체역학을 전공한 기계공학과 데이비드 후David Hu 교수는 다양한 생명체에서 일어나는 흐름에 대한 연구를 수행하였다. 2015년 발표한 논문에서는 수천 마리의 불개미들이 서로 몸을 연결한 상태로 어떤 조건에서는 끈적한 액체처럼 흩어지고, 흐르고, 떨어지며 또 다른 조건에서는 탄력을 가진 고체 덩어리처럼 행동하는 현상에 주목하였다. 마치 케첩의 움직임처럼 일정한 힘이 가해지는 조건에서는 어떤 흐름이 생겨나며, 그 힘이 커질수록 점도는 낮아지고 유동성은 커진다는 사실을 확인하였다.[7]

또한 불개미떼는 고무 같은 탄성을 지닌 물질과 비슷한 성질도 있다. 개미떼를 일정한 힘으로 누르면, 불개미 덩어리는 짓눌려 있다가 힘이 사라지면 이내 원래 모양을 복원하는 성질을 보여 주었다. 이처럼 개미들의 거동은 상태에 따라 액체와 고체의 성질을 모두 가지고 있다.

주로 동남아에 서식하는 베짜기 개미 역시 비슷한 성향을 가지고 있다. 베짜기 개미는 일반 개미와 달리 땅속에 굴을 파지 않고 나뭇잎으로 집을 짓는다. 하지만 개미에 비해 월등히 큰 나뭇잎을 혼자서 이리저리 움직이는 것은 불가능에 가깝다. 그리하여 한 개미가 나뭇잎의 끝을 물면 다른 개미가 그 개미의 허리를 물고 또 다른 개미가 앞 개미의 허리를 무는 식으로 연결하여 일종의 '개미 줄'을 만든다. 개미들의 직렬 연결로 커진 힘은 이제 나뭇잎을 조작하는 데 별 무리가 없다.[8]

한편 개미들은 여럿이 일할 때 인원이 많을수록 무조건 편하다고 여기지는 않는 듯하다. 조지아공대 물리학과 다니얼 골드만Daniel Goldman 교수는 개미들이 집을 짓거나 굴을 팔 때 너무 많은 인원보다는 꼭 필요한 최소 인원으로 일하기 때문에 오히려 효율적으로 작업할 수 있다는 사실을 컴퓨터 시뮬레이션과 실험으로 규명했다. 이는 병 안의 물을 따를 때 주둥이에 갑자기 물이 몰리면 오히려 속도가 느려지는 병목 현상bottleneck을 피하기 위한 방안이기도 하다. 개미들은 '사공이 많으면 배가 산으로 간다'는 사실을 몸소 알고 있었던 것이다.[9]

함께 가면 더 멀리

무리 생활을 하는 것은 개미뿐이 아니다. 하늘을 나는 새들도 여럿이 함께 이동함으로써 체력을 비축한다. 특히 장거리를 비행하는 새들에게 집단 생활은 필수적이다.

〈장자莊子〉에 등장하는 붕정만리鵬程萬里는 상상 속의 새, 붕새가 수만 리를 날아간다는 뜻이다. 이는 머나먼 여정이나 미래의 요원함을 의미하는 문학적 비유지만 실제로 계절에 따라 서식지를 옮겨 다니는 철새들은 짧게는 수백 킬로미터에서 길게는 수만 킬로미터씩 하늘을 난다.

세상에서 가장 멀리 나는 새로 알려진 극제비갈매기Arctic tern 는 몸길이가 약 35cm에 불과하다. 하지만 극제비라는 이름에 걸맞게 번식지인 북극권에서 남극권까지 왕복으로 약 70,000km를 오간다. 평균 30년이라는 긴 수명의 극제비 갈매기는 3년에 한 번 꼴로 번식하기에 평생에 걸쳐 극점을 10번 가량 오가는데, 이는 지구에서 달까지의 왕복 거리에 가깝다.

이처럼 철새들이 상상을 초월하는 거리를 날기 위해서는 에너지 소모를 최대한 줄여야 하므로 여러 측면에서 최적화된 비행법이 필수적이다. 예를 들어 최대한 에너지 효율이 높은 먹이를 섭취해야 하고, 여행 중간에 적절한 휴식이 필요하다. 하지만 무엇보다도 중요한 것은 혼자가 아닌, 여러 마리의 새들이 함께 이동하는 것이다. 여기에는 동료에게 심정적으로 의지하는 것뿐 아니라 비행 방식 측면에서도 유리한 유체역학적 원리가 숨어 있다.

겨울철 철새 도래지로 알려진 철원, 군산, 부산 등지에서 하늘을 나는 철새들을 바라보면 V자 대형 V-formation 으로 나는 모습을 종종 관찰할 수 있다. 철새들이 무작위로 무리 지어 이동하지 않고 특정 형태를 이루며 나는 이유는 무엇일까?

스포츠 중 사이클, 마라톤, 쇼트트랙 등 바람에 맞서야 하는 종목에는 공기 저항을 줄이기 위해 일렬로 달리는 일명 드래프팅 drafting 전략이 있다. 앞선 주자의 뒤에 바짝 달라붙어 이동할 경우 상당한 에너지를 비축할 수 있기 때문이다. 새들의 비행도 이런 스포츠들과 마찬가지로 공기 저항과의 싸움인데, 약간의 차이가 있다.

새가 날갯짓을 하면 날개 끝에서 작은 소용돌이 vortex 가 발생한다. 따라서 바로 앞선 새의 날갯짓으로 일어나는 소용돌이의 상승 기류를 이용하면 위로 뜨는 힘을 받기 때문에 비교적 적은

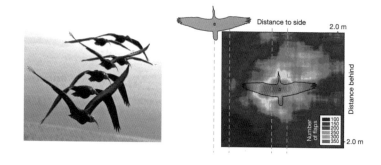

앞선 새의 날갯짓은 뒤따르는 새의 비행에 큰 도움을 준다. (Steven J. Portugal et al., 2014)

에너지로 효율적인 비행이 가능하다. 그리고 그 소용돌이는 양 날개 끝에서 발생하기 때문에 앞선 새의 바로 뒤보다는 대각선 뒤편에 위치하는 것이 더 유리하다. 결과적으로 새들이 양쪽 대각선으로 줄줄이 날기 때문에 V자 대형을 이루는 것이다.

영국 왕립수의대학 연구진이 2014년 〈네이처〉에 발표한 논문에 따르면 따오기ibis들은 날갯짓을 할 때 상승 기류를 최대한 활용하고 하강 기류는 피하며 난다. 연구진은 따오기 14마리에 위성항법장치GPS를 달아 위치와 속도, 날갯짓 횟수 등을 측정한 후 통계적으로 분석하였다. 그 결과 따오기들이 V자 대형으로 날 때 뒤따르는 새는 앞선 새의 날갯짓과 거의 같은 박자로 날갯짓을 하여 상승 기류를 이용함을 밝혔다. 마치 그네를 탈 때 박자를 맞추어 밀면 작은 힘만으로 계속하여 그네를 탈 수 있듯이 일종의 공진resonance 현상을 이용하는 것이다. 반면에 일렬로 나는 따오기들은 엇박자로 날갯짓을 하는데 이는 하강 기류로 인한 역효과를 최소로 하기 위함이다. 이처럼 새들은 동료가 만들어 내는 공기 흐름을 본능적으로 이해하고 전략적인 날갯짓으로 대처한다.[10]

만일 새들의 무리가 매우 커지면 어떻게 될까? 수백 마리의 새들이 V자를 유지하며 비행하면 선두와 말단 사이의 거리가 지나치게 멀어져 통제가 어렵다. 따라서 일정 규모 이상의 새 무리는 두 개의 V가 연달아 이어진 형태의 W자 대형을 만들기도 한다. 축구에서 공격의 최전방에 두 명의 공격수를 배치하는 투 톱 two top 체제와 같다.

참고로 무리 지어 나는 새들의 대형은 크게 세 가지로 분류된다. 종렬 편대lines, 복종렬 편대compound lines, 그리고 괴상대형 clusters이다. 긴 줄을 의미하는 종렬 편대는 다시 수평으로 나는 띠모양편대skein와 경사지어 나는 계단편대echelon로 나뉜다. 그리고 복종렬 편대에는 앞서 설명한 V자 대형과 그것이 변형된 U자, W자, J자 대형 등이 있다. 이를테면 V자에서 한쪽 대열이 짧아진 형태가 J자 대형이다. 마지막으로 괴상대형의 괴상塊狀은 덩어리로 된 모양이라는 뜻으로 줄을 지어서가 아니라 서로 일정한 간격을 유지하며 무리를 이룬 형태를 말한다.[11]

한편 새들의 이러한 대형은 비행기에서도 동일하게 찾아볼 수 있다. 에너지 효율과 직접적인 관련은 없지만 국군의 날 같은 공군 행사에서 여러 대의 전투기가 비행 솜씨를 뽐내며 V자로 날기도 한다. 하지만 여객기는 현실적으로 새처럼 군집 형태로 운행하기 어렵다.

그 대신 날개 끝에서 발생하는 소용돌이에 의한 에너지 손실을 최소화하는 노력을 기울이고 있다. 1970년대 미국 항공우주국^{NASA} 리차드 위트컴$^{Richard\ Whitcomb}$ 박사는 비행기 날개 끝에 작은 날개를 수직으로 달아 소용돌이를 감소시켰는데, 이 날개를 익단소익翼端小翼 또는 윙렛^{winglet} 이라 한다. 항공 업체는 이 획기적인 아이디어로 약 3%의 연료 소모를 줄여 천문학적인 비용을 절감하였다.

이기적 물고기

새들이 날갯짓을 하며 공기 중을 나는 것처럼 물고기들 역시 지느러미로 물속을 헤엄치며 이동한다. 과연 바닷속의 물고기들도 효율적인 비행을 위해 V자 대형으로 나는 새들처럼 떼를 지어 움직일까?

먼저 새를 둘러싼 공기와 물고기를 둘러싼 물의 물리적 특성을 생각해 보자. 물의 밀도는 공기보다 약 1,000배 높다. 부피가 동일한 경우 물이 공기보다 1,000배 무겁다는 의미다. 유체 속에 잠긴 물체가 위로 뜨려는 힘인 부력^{buoyancy} 은 유체의 밀도에 비례하므로 물고기가 받는 부력은 새에 비해 월등히 크다. 다시 말해 물체가 받는 중력은 물속이나 공기 중이나 모두 동일하지만 부력에 큰 차이가 있다.

결과적으로 사람이 하늘을 나는 것보다 물에서 헤엄치는 것이 훨씬 쉽듯이 수영에 드는 노력은 비행에 비해 현저히 작다. 역사적으로 살펴봐도 기원전 5,000년에 인류 최초의 배인 갈대배 reed boat 가 발명되고 중세 시대에는 이미 무역과 전쟁 등에 선박이 활발히 이용되었지만, 비행기의 역사는 약 120년에 불과한 것도 같은 이유에서다.

이처럼 물고기가 동료들의 움직임에 의해 받는 영향은 부력에 비해 매우 작다. 또한 물고기는 지느러미가 있지만 새처럼 강한 날갯짓을 하지도 않는다. 그럼에도 불구하고 장거리를 이동하는 물고기들은 V자 대형을 만들지는 않지만 떼를 지어 다닌다.

2018년 프랑스, 영국, 미국 공동 연구진은 물고기 떼가 헤엄칠 때 발생하는 물의 흐름을 시뮬레이션을 통해 유체역학적으로 분석하였다. 연구진은 가상의 물고기 100마리가 유체와 상호 작용할 때와 하지 않을 때 각각 어떤 방식으로 거동하는지를 비교하였다. 그 결과 상호 작용이 없는 경우에는 물고기가 가지런히 떼를 지어 원을 그리며 수영하는 경향을 보였다. 반대로 상호 작용하는 경우에는 자연스럽게 회전하는 형태를 띠었다. 그리고 이때 이웃한 물고기가 만드는 물의 흐름을 이용하여 효율적으로

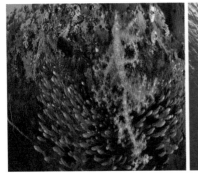

물고기 떼는 종류와 상황에 맞게 다양한 형태로 몰려다닌다.

이동한다는 사실을 밝혔다. 물고기 떼와 주변 유체 사이의 상호
작용으로 인한 효과를 수치적으로 확인한 것이다.[12]

이동 효율성 측면 외에 물고기들이 몰려다니는 또 다른 이유
는 생존과 관련 있다. 생태계 특성상 포식자와 피식자 사이의 치
열한 싸움은 결코 피할 수 없기 때문이다. 물속에서의 전쟁 역시
땅 위와 별반 다르지 않다.

멸치나 정어리처럼 크기가 작은 물고기들이 떼를 지어 다니는
이유는 포식자에게 잡아먹히지 않기 위해서다. 우선 덩치가 큰 생
물로 보이게끔 하여 상대방이 쉽게 공격하지 못하도록 한다. 동물
은 본능적으로 자신보다 큰 개체를 보면 겁을 먹기 때문이다.

다음으로 영국의 생물학자 윌리엄 해밀턴William Hamilton의 이
기적 무리 이론selfish herd theory도 설득력 있게 받아들여진다. 물
고기들이 무리 내에서 상대적으로 안전한 위치를 차지하려 자연

스레 똘똘 뭉치게 된다. 위험에 가장 많이 노출된 무리 바깥쪽의 물고기가 안쪽으로 파고드는 과정이 연달아 일어나면서 물고기 떼는 점점 조밀해지는 것이다.[13]

이 이론은 비단 어류뿐 아니라 포유류에도 동일하게 적용된다. 영국 왕립수의대학 연구진은 46마리의 양떼와 사냥개의 움직임을 추적하였다. 그 결과 물고기와 마찬가지로 개가 위협적으로 접근하자 양들이 지속적으로 무리의 중앙을 향해 뛰어드는 모습이 발견되었다.[14]

반면 다랑어나 고래처럼 몸집이 큰 물고기들도 떼를 이루는 경우가 있다. 이 역시 먹이 사슬에서 역학적 우위를 점하기 위해서다. 다시 말해 작은 물고기 떼를 만났을 때 서로 협력하여 먹이들을 일망타진一網打盡하기 위함이다. 대형 어류들은 함께 몰려다니다가 먹잇감을 발견하면 그 주위를 빙글빙글 돌며 에워싼 후 동시에 달려들어 잡아먹는다. (7장 '공기 방울을 쏘다' 참고)

마지막으로 물고기들이 무리를 이루어 지내면 번식에도 상당히 유리하다. 체내 수정을 하는 육상 동물과 달리 어류는 대부분 수중에 알을 낳는다. 즉 체외 수정을 하므로 망망대해에서 모여 살지 않으면 수정 확률이 그만큼 떨어진다.

이처럼 잡아먹고, 잡아먹히는 물고기들 모두 무리를 이루어 생활하는 것이 자신들에게 유리하다. 물론 그렇게 몰려다님으로서 어군 탐지기fish finder를 활용하는 최상위 포식자에게 손쉬운 먹잇감이 될 수 있다는 위험은 감수해야 할 것이다.

하등과 고등 사이

앞서 살펴본 개미, 새, 물고기와 비교할 수 없을 정도로 매우 작고 단순한 생명체인 박테리아bacteria도 군집 생활을 한다. 박테리아는 세균을 의미하는데 한 마리는 박테리움bacterium, 여러 마리는 박테리아라 한다. 약간의 수분과 적당한 온도가 갖추어진 환경에서 박테리아는 빠르게 증식하므로 필연적으로 집단 생활을 한다. 즉 단독으로 한 마리만 존재하는 경우는 거의 없다. 우리에게 박테리움보다는 박테리아라는 단어가 더 친숙한 이유다. (마찬가지로 data, media는 복수이고, 단수는 datum, medium이다.)

또한 박테리아는 무성 생식을 하는 단세포 생물이다. 세포가 반으로 나뉘는 이분법binary fission으로 번식하는데, 이들은 이상적인 환경에서 20분이면 분열이 끝난다. 덕분에 짧은 기간 동안 기하급수적으로 번식할 수 있다. 이론적으로 한 마리의 박테리아가 1,000 마리가 되는 데 4시간이 채 걸리지 않고, 24시간 후에는 무려 2^{72} 마리, 즉 4,722,366,482,869,650,000,000(약 47해) 마리가 된다. 물론 실제로는 박테리아 수가 일정 수준에 도달하면 정족수 감지quorum sensing라 하여 번식이 자연스레 억제된다. 박테리아가 증식 중 분비하는 자가 유도 물질auto-inducer이 박테리아의 밀도에 비례하여 증가하다가 특정 농도에 이르면 동종 집단의 밀도인 정족수를 인지하고 집단적 대사 활성이 조절되는 현상이다.

한편 박테리아는 주로 다른 생물에 기생하여 살아가기 때문에 매우 수동적인 생명체처럼 보이지만 실은 그렇지 않다. 과거 박테리아는 하등한 생명체로 여겨졌지만 최근 연구에 의해 서로 신호를 보내 의사소통을 하는 등 지능적인 모습이 새롭게 밝혀졌다. 박테리아가 소통하는 방식은 물리적, 화학적, 전기적 신호의 복합적인 작용으로 이루어진다.

또한 박테리아는 거의 움직이지 않을 것 같지만 사실 상당한 운동성을 지니고 있다. 현미경으로 박테리아를 확대하여 살펴보면 편모flagella를 갖고 있는데, 이 가늘고 기다란 털을 회전하여 추진력을 얻는다. 박테리아의 운동 방식은 편모의 움직임에 따라 앞으로 나아가는 수영swimming과 제자리에서 빙글빙글 도는 회전tumbling으로 나뉜다. 박테리아는 수영과 회전을 적절히 조절하여 원하는 속도와 방향으로 이동한다.

박테리아의 크기는 수 마이크로미터에서 수백 마이크로미터로 1mm가 채 되지 않는다. 따라서 박테리아의 주변 환경은 미시 세계에 해당하고 이 조건에서의 유동은 일상적인 유체역학 현상과 상당히 다르다. 즉 관성보다는 점성의 영향력이 훨씬 크기 때문에 마치 꿀에서 헤엄치는 것처럼 움직임이 매우 어렵다.

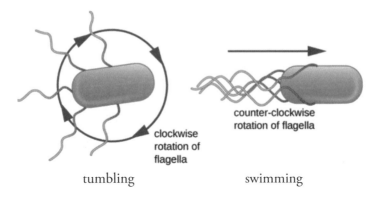

counter-clockwise
rotation of flagella

clockwise
rotation of
flagella

tumbling   swimming

박테리아는 여러 개의 편모를 회전하며 직진과 회전의 조합으로 이동한다.

이러한 환경에 적응하기 위해 박테리아는 가장 효과적인 도구로 편모를 이용하게 되었다.[15]

박테리아 중 가장 빠르게 움직이는 종으로 알려진 티오볼룸 마유스Thiovulum majus는 1초에 600μm(마이크로미터)를 이동한다. 인간의 관점에서 보면 거의 움직이지 않는 것처럼 보이지만 이 박테리아의 길이가 약 7μm이니 1초에 자기 신장의 약 90배 거리만큼 이동하는 셈이다.[16]

동물의 빠르기를 이야기할 때 단순히 속도만 비교하면 몸집이 클수록 절대적으로 유리하다. 그리하여 신장을 고려한 단위를 사용하기도 한다. 구체적으로 1초 동안 자기 신장의 몇 배 거리를 이동했는지 계산한 것으로 body lengths per sec, 간단히 줄여서 bps라 한다. 따라서 티오볼룸 마유스의 경우 약 90bps라 할 수 있다. 참고로 시속 100km로 달리는 치타는 약 30bps이고, 육상 100m 달리기의 세계 최고 기록은 자메이카 육상 선수 우사인 볼트Usain Bolt의 9.58초이므로 인간은 약 6bps에 불과하다.

또한 티오볼룸 마유스는 증식할 때 개별적으로 흩어지지 않고 회전하며 서로 모인다. 미국 록펠러대학교 연구진은 1초에 10회 정도 회전하는 박테리아 주변을 관찰한 결과 회오리 흐름이 만들어지며 이때 박테리아 사이에 인력이 형성됨을 밝혔다. 그리고 이렇게 뭉친 군집 자체도 회전하는데, 안쪽에 있는 박테리아들의 회전력은 서로 상쇄되는 반면 바깥쪽 박테리아들의 회전이 동력이 되어 군체가 회전한다.[17]

결정crystal처럼 뭉친 박테리아 군집은 신기하게도 그 개수에 따라 안정 상태와 불안정 상태가 구분된다. 결정을 이루는 입체적인 그물 모양 격자의 열운동에 대해 연구하는 학문을 결정역학crystal dynamics이라 하는데, 여기에서 말하는 안정적인 구조는 육각형이다. 자연 상태의 벌집 구조honey comb가 대표적인 예다. 따라서 중앙에 위치한 박테리움을 6개의 박테리아가 둘러싼 1+6 형태는 매우 안정적이다. 군집이 더욱 커지면 잠시 불안정한 상태가 되었다가 앞선 7개의 박테리아를 다시 육각 모양으로 둘러싼 7+12 형태가 되면 다시 안정 상태가 된다. 그리고 이 과정이 계속 반복된다. 이처럼 하나의 박테리움을 둘러싼 육각형 배열을 이루는 숫자 7=1+6, 19=7+12, 37=19+18… 등을 '중심

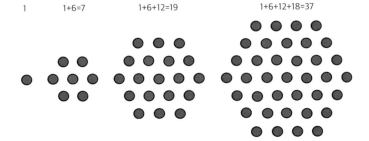

$$1 \qquad 1+6=7 \qquad 1+6+12=19 \qquad 1+6+12+18=37$$

'중심 있는 육각수'의 배열

있는 육각수centered hexagonal number'라 하며, n겹을 둘러싼 중심 있는 육각수는 수학적으로 다음 수식과 같이 정리된다.

$$CHN = 1+6\left(\frac{n(n-1)}{2}\right)$$

박테리아는 눈에 보이지 않을 정도로 크기가 작아 개별적으로는 별다른 힘이 없다. 하지만 폭발적인 증식을 통해 군집을 이루면 긍정적이든 부정적이든 엄청난 생물학적 영향력을 발휘한다. 작지만 작지 않은 박테리아에 주목해야 하는 이유다.

자동차도 함께 달리면

인간과 동물의 집단 생활은 효율성 측면에서 커다란 장점을 갖는다. 물론 반대 급부로 단점도 존재하는데, 바로 자유롭지 못하다는 점이다. 원칙적으로 집단 생활에서의 개별 행동은 허락되지 않으며 그만큼 자율성이 떨어진다.

이는 교통 수단에서도 확연히 드러난다. 자동차는 길이 있으면 어디든 자유롭게 갈 수 있지만 자동차 집단으로 볼 수 있는 기차는 처음부터 끝까지 정해진 철로로만 이동할 수 있다. 반면 제약이 많은 기차가 갖는 큰 장점은 군집 생활을 하는 동물들과 마찬가지로 효율성에 있다. 적은 에너지로 다수의 차량을 이동할 수 있기 때문이다. 또한 기차뿐 아니라 여러 대의 자동차와 비행기도 특정 형태를 갖추면 에너지 측면에서 효율적인 운행이 가능하다.

이처럼 여러 대의 차량이 좁은 간격을 유지하며 선두 차량을 따라가는 운행 방식을 군집 주행platooning이라 한다. 뒤따르는 차량은 공기 저항이 줄어 연비가 상승하고 결과적으로 물류비가 절감된다. 또한 이는 완전한 자율 주행으로 가는 전 단계로 안전사고를 예방하는 효과도 있다.

스웨덴 연구진이 군집 주행에 대해 연구한 바에 따르면 중량 heavy duty 자동차가 앞선 차량의 뒤를 바짝 쫓아갈 경우 공기 저항 감소와 최적의 제어를 통해 약 4~7%의 연료를 절약할 수 있다. 이를 유체역학적 관점에서 살펴보면 고속으로 운행하는 차량 뒤쪽으로 공기가 흐트러지는 후류slipstream가 발생하여 압력이 낮아지고 그만큼 공기 저항 역시 감소하는 원리다. 앞서 사이

클, 마라톤, 쇼트트랙의 전략 중 하나로 언급한 드래프팅의 실제적인 예다. 다만 차량 간 안전거리 확보를 위한 통신 및 센서 기술 등이 우선적으로 확보되어야 한다.[18]

2020년 국내 최초로 고속도로에서 화물차 군집 주행에 성공한 사례가 있다. 국토교통과학기술진흥원은 실제 차량이 다니는 중부내륙 고속도로에서 3대의 화물차 중 제일 앞 차량만 사람이 운전하고 나머지 두 대의 차량은 선두 차량과의 통신을 이용해 자율 운행하였다. 차량의 최고 속도는 시속 80km이며 약 15m 간격을 둔 상태에서 이동하였다. 차량 간 거리가 멀어 유체역학적으로 공기 흐름에 의한 연료 절감 효과는 작았지만 향후 통신 기술의 발전으로 인접 거리에서도 운행이 가능해지면 상당 부분 개선될 것이다. 이 같은 군집 주행 기술이 지속적으로 개발되면 교통 정체, 운전자 편의, 연료 절약 등의 문제가 해결되어 물류 산업이 획기적으로 발전할 것으로 기대된다.

4.
씨앗의 여행

내일의 모든 꽃은
오늘의 씨앗에 근거한 것이다.

-중국 속담-

2007년 개봉한 〈버킷 리스트The Bucket List〉는 죽음을 앞둔 에드워드(잭 니콜슨Jack Nicholson 분)와 카터(모건 프리먼Morgan Freeman 분)가 함께 죽기 전에 꼭 해보고 싶은 소원들을 하나씩 이루어 나가는 이야기의 영화다. 둘은 전 세계를 돌아다니며 스카이 다이빙, 자동차 경주, 타투, 사파리 투어, 피라미드 관광 등 다양한 활동을 실컷 즐긴다. 그 모든 비용을 흔쾌히 지불한 갑부 에드워드가 즐겨 마시는 커피는 세계에서 가장 비싼 커피로 알려진 코피 루왁Kopi Luwak이다.

참고로 코피는 인도네시아어로 커피, 루왁은 사향고양이musk cat를 뜻한다. 즉 코피 루왁은 인도네시아의 사향고양이가 커피나무 열매를 먹고 소화시켜 배출한 배설물에서 다시 커피콩을

인도네시아의 사향 고양이가 커피콩을 먹고 나온 똥에서 추출한 커피가 코피 루왁이다.

골라 상품화한 것이다. 영화 후반부에 둘은 코피 루왁이 고양이 똥에서 추출한 커피라는 사실을 이야기하며 '눈물 나도록 웃기'라는 마지막 버킷 리스트를 완성한다.

코피 루왁이 1잔에 5만원 이상의 비싼 값에 판매되는 이유는 사향고양이가 아무 열매나 먹는 것이 아니라 가장 잘 익은 열매만 골라 먹는 능력이 있다고 알려져 있기 때문이다. 또한 사향고양이의 소화 기관 내에서 유산균에 의해 자연 발효 과정을 거치며 원두의 쓴 맛과 떫은 맛이 사라지고 특유의 맛과 향을 낸다고 한다. 물론 연간 500kg만 생산되는 희소성과 독특한 수확 방식을 활용한 마케팅도 고가 책정에 한몫하였을 것이다.

사향고양이 입장에서는 단순히 맛있는 커피콩을 골라 먹은 것이지만, 후손을 널리 퍼트려야 하는 커피나무 입장에서는 열매가 동물에게 먹혀 멀리 이동한 후 배설물로 나오는 과정이 일종의 치밀한 전략이다. 결국 인간에게 최고급으로 소비되는 커피 상품의 제조 방식은 커피나무의 원시적인 번식 과정에서 비롯된 것이다.

이처럼 식물은 씨앗을 퍼트리기 위한 방법으로 동물들에게 달콤한 열매를 내주는 살벌한 방식을 택하였다. 인간과 달리 씨앗을 발라내지 않고 일단 모두 삼키는 동물의 습성은 씨앗을 이동시키는 데 최적의 조건이다. 거부할 수 없는 과일의 단맛은 사실 종족 번식을 위한 달콤한 유혹인 셈이다.

씨앗은 동물의 여러 소화 기관을 지나면서 각종 소화액과 만나는데 이때 체내에 분해, 흡수되지 않도록 철저한 보호막에 둘러싸여 있다. 종류 불문하고 대부분의 씨앗이 작고 단단한 이유다. 가혹한 환경에서 살아남은 씨앗은 결국 배설물과 함께 다시 세상 밖으로 나온다. 이러한 관점에서 과일은 단순한 피포식자가 아니라 오히려 상대적으로 이동성이 뛰어난 동물을 심부름꾼으로 이용하는 것이라 볼 수 있다. 이처럼 식물은 번식을 위해 동물의 도움을 받기도 하는데, 이는 일방적인 원조가 아니다. 꿀벌이 꽃으로부터 꿀을 섭취하고 꽃가루를 멀리 퍼트려 주듯 악어와 악어새 같은 공생 관계에 있다.

한편 국화과의 한해살이 풀인 도꼬마리cocklebur도 번식을 위해 동물을 이용한다. 독특한 모양의 도꼬마리 열매는 사람의 옷이나 짐승의 털에 달라붙어 이동하는 무임승차 방식을 택한 것이다.

1941년 스위스의 기술자 조르주 드 메스트랄George de Mestral은 어느 날 산책을 나갔다가 옷에 도꼬마리 열매가 잔뜩 달라붙어 잘 떨어지지 않는다는 사실을 발견하였다. 호기심이 강했던 메스트랄은 집에 돌아와 도꼬마리 열매가 어떻게 옷에 붙어 있는지 돋보기로 살펴보았다. 그 결과 도꼬마리 열매의 갈고리 모양이 옷의 털을 감는 구조임을 알게 되었고 이를 모사하여 벨크로 테이프velcro tape, 일명 찍찍이를 발명하였다. 이것은 서로 다른 두 종류의 테이프로 구성되었으며, 한 면은 갈고리hook, 다른 면은 고리loop 모양이어서 hook-and-loop fasteners라고도 불린다. 참고로 벨크로는 프랑스어로 벨벳을 뜻하는 벨루르velour와 갈고리를 뜻하는 크로셰crochet를 합쳐 만든 상표명이 일반 명사화된 것이다.

벨크로는 일명 '지퍼 없는 지퍼zipperless zipper'로 불리며 1950년대부터 현재까지 선풍적인 인기를 끌고 있다. 하나씩 잠그고 풀어야 하는 번거로움이 있는 단추 대용으로 오늘날 옷, 신발, 가방 등에 광범위하게 쓰인다. 실험 결과에 의하면 한 변이 5cm인 정사각형 벨크로는 최대 80kg의 무게를 버틴 기록이 있다. 도꼬마리의 번식 방법에서 우연히 발명된 벨크로는 자연으로부터의 배움을 표방한 학문인 생체모방공학biomimetics의 대표적인 예다.

현미경으로 벨크로 테이프를 들여다보면 갈고리가 털을 감아 붙잡는 구조임을 확인할 수 있다.

그렇다면 식물이 수단과 방법을 가리지 않고 씨앗을 멀리 퍼트리는 이유는 무엇일까? 씨앗이 멀리 퍼질수록 일순간에 멸종당하지 않고 일부라도 살아남을 확률이 높아지며 그만큼 생존과 번식에 유리하기 때문이다. 번식은 동물뿐 아니라 식물에게도 본능과 같다. 그러나 동물과 달리 땅에 박힌 뿌리로 인해 이동에 제한이 있는 식물은 여러 방식으로 씨앗을 멀리 보내려 노력한다. 자연에는 셀 수 없을 정도로 수많은 종류의 씨앗이 있고, 자신만의 방식으로 종자 산포seed dispersal라 부르는 멀고 먼 여행을 시작하였다.

씨앗, 하늘을 날다

대부분의 식물들은 씨앗을 널리 퍼트리기 위해 동물이나 바람과 같은 자연의 힘을 활용한다. 이때 씨앗은 무게, 크기, 형태,

성분 등에 따라 이동하는 방식이 다르다. 예를 들어 동물의 먹이가 되는 열매의 씨앗은 밀도가 높아도 되지만 대신 껍질이 단단해야 한다. 반면 바람을 타고 하늘을 날아야 하는 씨앗은 반드시 작고 가벼워야 한다.

목화씨는 솜털 구조로 이루어져 바람을 타고 멀리 날아간다. 또한 물에도 떠 있을 수 있으며, 털이 빼곡히 박혀 있어 내부로 물이 스며들지 않는다. 이는 육해공을 아우르는 장거리 여행에 최적화된 형태다.

번식을 목적으로 한 목화씨의 대서양 횡단은 인류 역사에서 매우 중요한 의미를 지닌다. 19세기 산업화의 시작, 대영제국의 흥망 등 세계사의 굵직한 흔적이 목화씨로부터 시작되었기 때문이다. 당시 영국에서는 양털로 만든 모직물 대신 목화로 만든 면직물을 대량 생산하기 위해 제임스 와트^{James Watt}가 개량한 증기 기관이 활용되었고, 이는 산업 혁명의 불씨가 되었다. 그리고 영국은 이를 디딤돌 삼아 '해가 지지 않는 나라^{the empire on which the sun never sets}'로 불리며 세계 각지에 식민지를 건설하는 등 그 세력을 온 세상에 과시하였다.

그뿐만 아니라 목화는 비식량 작물 중 인류에게 가장 가치 있는 작물로 평가받는다. 인류를 오랜 추위로부터 해방시켜 '하얀 금'이라 불리기도 하였다. 하지만 솜털로 이루어진 목화의 구조는 인류의 의복을 위한 것이 아니라 단순히 씨앗을 멀리 퍼트리

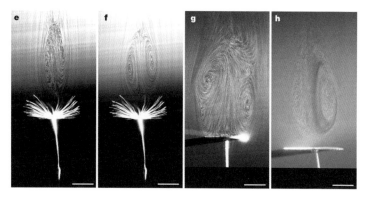

민들레 씨앗은 여유롭게 떠 있지만 주변 공기 흐름은 활발히 순환한다. (Cathal Cummins et al., 2018)

기 위한 번식의 목적이었을 것이다.[1]

바람을 이용하여 씨앗을 퍼트리는 또 다른 식물로 민들레가 있다. 공처럼 둥근 모양의 민들레는 씨앗 뭉치로 이루어져 있으며, 이를 자세히 들여다보면 씨앗 하나하나가 우산살 구조임을 관찰할 수 있다. 이러한 형태 덕분에 민들레 씨앗은 살랑거리는 약한 바람만 불어도 가라앉지 않고 날 수 있다. 심지어 바람을 잘 타면 수십 킬로미터를 이동하기도 한다. 이처럼 별도의 추진 장치 없이 유체역학적으로 최고의 비행 효율을 자랑하는 구조는 생물학자뿐 아니라 비행체를 연구하는 항공공학자들의 관심을 끌었다.

2018년 영국 에딘버러대학교 연구진은 세계적인 학술지 〈네이처〉에 민들레 씨앗의 비행 원리를 규명한 논문을 게재하였다. 인위적으로 공기 흐름을 만드는 실험 장치인 풍동wind tunnel 을 이용하여 100여 개의 섬모filament로 이루어진 민들레의 갓털 pappus이 비행의 핵심 열쇠임을 밝힌 것이다. 머리카락보다 훨씬 가늘고 길이가 채 1cm도 안 되는 섬모 사이의 틈은 매우 엉성하여 바람이 잘 통한다. 이를 수치화하면 갓털의 다공성porosity 은 약 92%에 달한다. 이러한 구조는 갓털 상부의 소용돌이 고리 vortex ring를 미세하게 조절하여 위로 뜨는 힘인 양력lift을 최대화하는 동시에 몸체를 이루는 재료의 양을 최소화한다. 이는 드론 같은 초소형 비행체를 설계하는 항공공학자들의 궁극적 목표와도 정확히 일치한다.[2]

구체적인 비행 원리를 살펴보면 다음과 같다. 대기 중의 민들레 씨앗이 가라앉을 때 아래에서 위쪽으로 공기 흐름이 발생한다. 갓털 사이를 통과한 흐름으로 인해 형성된 소용돌이는 바람에 저항하는 항력 계수를 증가시키고 이는 결과적으로 씨앗이 잘 가라앉지 않도록 한다. 세부적인 구조는 다르지만 접힌 낙하산을 펴는 순간 항력 계수가 커져 천천히 떨어지는 것과 같은 원리다. 또한 갓털은 대칭 구조이기 때문에 소용돌이의 균형을 맞추어 안정적인 비행이 가능하다.

민들레 씨앗의 비행에는 모양뿐 아니라 크기도 중요하다. 항력은 길이의 제곱인 면적에 비례하지만 중력은 부피, 즉 길이의 세제곱에 비례한다. 축적비 법칙Scaling law에 따라 공기 중의 물체가 클수록 중력의 영향이 커지고, 작을수록 항력의 효과가 커진다. 따라서 미세한 크기의 민들레 씨앗은 중력보다 항력이 지배적이어서 하늘을 나는 데 상당히 유리하다. 이는 대기 중 먼지가 땅에 가라앉는 데 한참 걸리는 이유이기도 하다.

반대로 씨앗의 크기가 커지면 갓털 구조로는 중력을 거스르기 어려우므로 단풍나무 씨앗처럼 넓은 판 형태가 비행에 더 적합하다. 날개 모양의 단풍나무 씨앗은 한 쌍으로 이루어져 있으며, 줄기 가까운 쪽의 무게 중심을 축으로 천천히 회전하며 낙하한다. 이때 중심축에서는 약한 공기 흐름, 날개 끝에서는 상대적으로 강한 공기 흐름이 형성된다. 이 차이는 압력을 비대칭적으로 만들고 씨앗은 자연스레 회전한다.

무게가 가벼운 단풍나무 씨앗은 날개가 회전하며 완벽한 균형을 이루어 안정적으로 매우 천천히 떨어진다. 날개 앞쪽에 발생하는 일종의 소용돌이인 앞전 와류leading-edge vortex가 양력을 증가시키기 때문이다. 따라서 바람이 불면 앞전 와류가 세지고 커진 양력만큼 낙하 속도는 느려지기 때문에 비행 거리가 늘어난다.[3]

미국 코넬대학교 기계항공공학부 연구진은 낙하하는 단풍나무 씨앗의 나선형 움직임을 역학적으로 분석하였다. 정지 상태의 씨앗은 중간에 천이 과정transition process을 거쳐 안정적으로 회전하는 상태에 도달한다. 우선 초기에는 날개 길이 방향span-wise으로 회전하다가 어느 순간 수직축을 기준으로 약간 기울어

잠자리 날개처럼 얇은 단풍나무 씨앗의 자유 낙하 (Kapil Varshney et al., 2012)

진다. 이때 날개가 수평과 이루는 각도를 원추각cone angle 이라 한다. 안정 상태가 되기 전까지 원추각이 변하며 계속 회전한다. 마침내 씨앗의 무게와 원심력이 균형을 이루어 일정한 속도로 회전하며 천천히 낙하한다.[4]

단풍나무 씨앗의 구조는 매우 간단하기 때문에 헬리콥터 날개 모양의 간단한 종이접기로 흉내낼 수 있다. 공중에서 떨어뜨린 종이 헬리콥터는 단풍나무 씨앗처럼 회전하며 낙하한다. 이는 단순한 놀이에 그치지 않는다. 종이 접는 형태를 달리 하면 로터의 길이와 너비, 몸체의 길이, 꼬리의 길이와 너비 등 여러 변수를 바탕으로 한 최적 설계 기법optimal design method 에도 활용된다.[5]

민들레 씨앗은 낙하산, 단풍나무 씨앗이 헬리콥터와 비슷한 형태라면 인도네시아 숲속에서 자라는 자바오이Javan cucumber 의 씨앗은 글라이더의 모양을 띠고 있다. 이 씨앗은 단풍나무 씨

종이를 단풍나무 씨앗 모양으로 접으면 회전하며 낙하하는 모습을 관찰할 수 있다. (유튜브 채널 Origamido Studio, 'Origami Maple Seed from Square Paper')

앗보다도 훨씬 천천히 낙하하는데 그 비행 모습이 무척 경이롭다. 얇은 막 형태의 자바오이 씨앗은 매우 가벼워 중력의 영향을 별로 받지 않고 바람이 불어 흔들리더라도 이내 균형을 되찾는다.

이처럼 놀라운 비행 능력을 갖춘 자바오이 씨앗의 모양과 유사한 날개를 가진 비행기가 있다. 오스트리아의 항공 엔지니어이고 에트리히Igo Etrich*가 제작한 타우베Taube다. 타우베는 독일어로 평화의 상징인 비둘기를 뜻하지만 아이러니하게도 군용기로 활용되었다. 라이트 형제가 세계 최초로 동력 비행을 성공한지 불과 7년 만인 1910년에 타우베는 최고 속도 시속 100㎞를

---

* 이고 에트리히(Igo Etrich, 1879~1967): 오스트리아의 항공 엔지니어. 학창 시절 독일의 항공 개척자 오토 릴리엔탈(Otto Lilienthal)의 작품을 보고 새의 비행과 항공술에 관심을 갖게 되었다. 당시 공장주였던 아버지와 함께 실험실을 설립하고 비행기 개발에 힘썼다. 1909년 최고 성능의 비행기 타우베를 제작하였으며, 이는 제1차 세계대전에서 전투기로 활용되었다. 2007년 발행된 유로 수집가용 주화 뒷면에는 조종석에 앉아 손을 흔드는 에트리히의 모습이 그려져 있다.

자바 오이 씨앗과 이를 흉내내어 만든 타우베

기록하였으니 당시로서는 최첨단 기술이었다. 또한 이는 자바오이 씨앗이 양력을 발생시키는 데 최적화된 형태임을 보여 주는 증거이기도 하다.

한편 꽃 핀 모습이 마치 금빛 비가 내리는 것 같다 하여 골든레인goldenrain 이라 불리는 모감주나무Koelreuteria paniculata 의 씨앗은 여러 이동 방식을 복합적으로 활용한다. 나무에서 씨앗이 떨어질 때는 씨방ovary 에 달라붙어 바람을 타고 이동한다. 넓적한 씨방은 양력을 많이 받는 구조로 날개 역할을 하여 덕분에 씨앗은 무려 100m 넘게 날아가기도 한다.

허공을 한참 떠돌다가 물위에 떨어지면 씨방은 씨앗이 물에 잘 뜰 수 있도록 나룻배로 변신한다. 하늘과 바다를 모두 떠다닐 수 있는 수공양용水空兩用 인 셈이다. 이처럼 모감주나무 씨앗은 바람과 물을 타고 멀고 먼 섬까지 건너가 군락을 이룬다.

지금껏 살펴본 민들레, 단풍나무, 자바오이, 모감주나무의 씨앗은 약한 바람에도 날 수 있지만 바람이 없으면 무용지물이다. 반면 바람을 직접 만들어 후손을 퍼트리는 생물도 있다. 버섯은 번식을 위해 씨앗 역할을 하는 수억 개의 포자spore를 생성한다. 포자는 무성 생식을 하기 위하여 만드는 생식 세포다. 만일 바람이 불지 않으면 버섯은 스스로 바람을 만들어 내기도 하는데, 포자는 매우 작아 이 바람에 쉽게 흩날린다.

미국 캘리포니아대학교 로스앤젤레스캠퍼스 수학과 마커스 로퍼Marcus Roper 교수는 외부에서 유입된 공기 흐름이 전혀 없는 밀폐된 환경에서 버섯이 포자를 날리는 모습을 관찰하였다. 우선 버섯의 갓과 지면 사이에는 틈이 존재한다. 그리고 갓 근처의 수분이 증발할 때 주변의 열을 빼앗기 때문에 국부적으로 냉각되고 이 온도 차이는 자연 대류natural convection를 발생시킨다. 즉 차가워진 공기가 아래 방향으로 하강하는 중력류gravity current를 만들어 버섯 바깥으로 공기를 밀어내는 것이다. 이 바람은 사람이 느낄 수 없을 정도로 미약하다. 하지만 포자는 머리카락 두께보다 작은 수십 마이크로미터에 불과하기 때문에 매우 미세한 바람에도 충분히 날 수 있다.[6]

이처럼 자그마한 버섯의 주변 환경에서도 다양한 유체역학적 현상이 나타난다. 이 분야의 최고 권위자인 로퍼는 일명 균류 유체역학Myco-Fluidics이라는 분야를 개척하였으며, 균류는 불안정한 환경에서 어떻게 흩날리는지, 균류 네트워크는 유체와 세포

기관을 이동시키기 위해 어떻게 조직화되었는지 등 흥미로운 연구를 수행 중이다.[7]

불의 축제

2019년 9월, 호주 전역을 덮친 산불은 인류 역사상 최악의 화재로 손꼽힌다. 산불은 무려 6개월 동안 지속되어 대한민국 영토에 해당하는 1,000만 헥타르 이상의 산림을 불태웠다. 어마어마한 산불로 인한 연기는 호주를 넘어 뉴질랜드로 퍼져 나갔으며 심지어 남아메리카 대륙 태평양 연안과 도쿄만까지 확산되었다. 건조한 날씨와 강한 바람에 번개까지 더해지면서 더욱 악화된 이 산불은 전 세계가 기후 변화에 큰 관심을 가지는 계기가 되었다.

하지만 식물에게 재앙일 것만 같은 화재가 가끔은 식물의 번식과 생장에 오히려 도움이 되는 경우도 있다. 산에 불을 지펴 풀과 나무를 태운 뒤 그 자리에 농사를 짓는 화전 농법이 그 예다. 불에 탄 풀과 나무의 재를 천연 비료로 이용하는 것이다. 우리나라에서는 1968년 화전정리법이 공포되면서 화전민이 점차 사라졌지만 동남아, 인도에서는 여전히 화전 농법이 성행하고 있다.

한편 사람이 불을 지르는 것이 아니라 스스로 불이 나도록 기다리고 바라는 식물도 있다. 호주 특산 식물인 그래스트리grass tree는 산불을 이용하여 꽃을 피우는데, 잎 속의 알코올 성분이 발화를 촉진시킨다. 밭에 일부러 불을 내어 농사를 짓는 화전민과 마찬가지로 불은 소실이 아니라 생산의 상징인 셈이다.

솔방울도 번식에 불을 이용한다. 불이 나서 200℃ 이상의 고온이 되면 솔방울이 벌어지고 씨앗은 뜨거운 열기로 발생하는 상승 기류를 타고 폭죽처럼 멀리 날아간다. 또한 불에 타 죽은 나무들은 살아남은 동료들의 밑거름이 된다. 잔인한 인간 사회와 마찬가지로 숲에서도 어느 누군가의 불행은 또 다른 누군가의 번영이 되기도 한다. 심지어 미국 캘리포니아에 있는 세쿼이아 국립공원에서는 세쿼이아 씨앗의 발아를 위해 소방관들이 일부러 불을 지르기도 한다. 화재가 발생하면 불을 끄는 소방관이 숲의 보존을 위해 불을 낸다고 하니 참 아이러니하다.[8]

꽃 중에도 비슷한 부류가 있다. 일명 '자살하는 꽃'으로 불리는 시스투스Cistus다. 주로 지중해에 서식하는 시스투스는 욕심이 많아 드넓은 평원을 독차지하려 한다. 만일 주변에 다른 식물들이 많이 자라서 스트레스를 받으면 여름에 체내 수분은 점차 줄이고 동시에 소나무나 전나무 등이 내뿜는 점도 높은 액체인 수지resin를 분비한다. 이 분비액은 발화점이 매우 낮기 때문에 한여름에 자연 발화하여 자기 자신을 포함한 주변 모든 식물들을 불태운다. 더욱 놀라운 사실은 시스투스가 불에 타기 직전 내화성을 지닌 씨앗을 몸안에 감추어 놓는다는 점이다. 그리고 불이 다 꺼지면 그 씨앗은 잿더미를 양분으로 삼아 발아하고 성장한다.

시스투스는 향수의 원료로 널리 사용될 정도로 향이 훌륭하다. 그에 걸맞게 우리나라에서의 꽃말은 '인기'지만, 일본에서는 '나는 내일 죽습니다', 영미권에서는 '임박한 죽음imminent death' 이다. 꽃말은 대체로 시적이고 아름다운데, 시스투스의 꽃말은 그 생애만큼이나 섬뜩하다.

발사에서 발아까지

씨앗이 동물의 털에 달라붙어 이동하거나 바람이 불고 불이 나기를 기다리는 것은 지극히 식물다운 수동적 방식이다. 하지만 번식을 위해 자체 힘으로 씨앗을 멀리 보내는 식물도 존재한다.

'나를 건드리지 마세요touch-me-not'라는 꽃말을 가진 봉선화는 초여름이 되면 강렬한 붉은색, 보라색, 연분홍색 등 다양한 빛깔의 꽃을 피운다. 꽃잎을 찧어서 손톱에 붙인 후 하룻밤이 지나면 고운 빛깔의 색이 드는데, 이는 우리나라에 오래 전부터 내려져온 세시풍속이다.

건조한 가을이 되면 아름다운 꽃잎이 모두 떨어지고 타원형 씨주머니의 수분이 점차 감소한다. 동시에 적당한 수분으로 모양을 유지하고 있던 씨주머니가 서서히 뒤틀리기 시작한다. 세포는 모든 방향에 동일한 작용을 하는 등방성isotropy이 아니라 방향에 따라 힘을 달리 받는 이방성anisotropy을 가지고 있기 때문이다. 마침내 메마른 땅이 갈라지듯 다섯 조각으로 둘러싸인 씨주머니가 터지면서 그 안에 돌돌 말려 있던 10여 개의 씨앗은 사방팔방으로 튀어 나간다. 씨주머니가 가지고 있던 탄성 에너지가 씨앗의 운동 에너지로 변환되는 것이다. 이 과정은 눈 깜짝할 사이에 일어나며, 씨앗은 초당 약 4m의 속도로 수 미터를 날아가기도 한다.[9]

이처럼 작은 충격이 강한 힘으로 표출되는 이유는 존재하지 않던 에너지가 새로 만들어지는 것이 아니라 잠재되어 있는 탄성 에너지가 다른 형태로 변환되기 때문이다. 그 열쇠는 리그닌lignin이라 불리는 유기 고분자organic polymer에 있다. 식물의 세포벽을 구성하는 물질 중 하나인 리그닌은 비대칭적으로 분포하며 평소 조직이 형태를 유지할 수 있도록 돕는다. 고무줄을 잡아당긴 듯 팽팽한 상태를 지탱하던 장력의 균형이 작은 충격으로 일순간 깨지면 그 힘으로 씨앗을 멀리 퍼트린다.

이 원리는 장난감에서도 찾아볼 수 있다. 1983년 미국의 기술교사 스튜어트 앤더스Stuart Anders가 발명하여 우리나라에서도 크게 유행한 슬랩 팔찌slap bracelet다. 길쭉한 자 모양이며 스테인리스 스틸stainless steel 재질인 이 팔찌를 손목에 내려치면 그 충격에 의해 순식간에 휘감긴다. 불안정한 상태의 구조물이 약한 충격에도 쉽게 변형되는 것이다.

한편 전염병 이질에 효능이 있어 이질풀cranesbill이라 불리는 약초도 비슷한 원리로 씨앗을 흩뿌린다. 이질풀은 기둥 모양의 씨방 자루를 가지고 있는데, 열매가 어느 정도 익으면 자루의 일부가 위로 말리며 씨앗을 멀리 날려보낸다. 씨방 자루에 수분이 충분할 때는 그 형태를 유지하다가 부족해지면 원래 모습으로 되돌아가려는 복원력이 탄성력으로 작용하는 것이다.

씨앗을 뿌리는 동작은 마치 용수철을 튕겨내듯 눈 깜짝할 새에 벌어진다. 이때 씨방 자루는 수직으로 서 있기 때문에 씨앗의 발사 각도는 45°에 가깝고 이는 씨앗을 수 미터까지 날려보낼 수 있는 최적의 조건이다.

이처럼 수분 함유량에 따라 구조를 변경하고 그 힘으로 움직이는 식물 중 가장 경이로운 종은 국화쥐손이stork's bill다. 날이 건조해지면 국화쥐손이 씨앗은 천천히 회전하며 스스로 몸을 돌돌 말다가 갑자기 공중으로 튕겨 나간다. 이질풀과 마찬가지로 자체 수분으로 동작하는 메커니즘을 가지고 있기 때문에 가능한 일이다.

하지만 여기서 끝이 아니다. 더욱 놀라운 일은 씨앗이 땅에 떨어진 다음 벌어진다. 용수철처럼 나선형으로 말린 씨앗은 비가 올 때 수분에 의해 다시 펼쳐지며 그 회전력으로 땅을 파고 들어간다. 드라이버로 나사못을 돌려서 벽에 박듯 꼬인 몸통을 풀며 발생한 자체적인 힘으로 스스로를 땅에 심는 것이다. 이 모습은

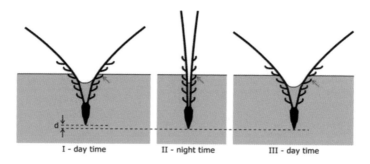

I - day time   II - night time   III - day time

야생 밀은 습도에 따라 까끄라기의 구조가 바뀌며, 이를 이용하여 땅속 깊이 파고든다. (Rivka Elbaum et al., 2007)

식물의 움직임이라 믿기 힘들 정도로 역동적이다.

국화쥐손이처럼 땅속을 스스로 파고들어가는 또 다른 식물로 야생 밀wild wheat이 있다. 집게 모양의 길다란 까끄라기는 습도에 따라 벌어졌다 오므라들었다를 반복한다. 상대적으로 건조한 낮에는 V자로 벌어졌다가 밤이 되어 습도가 점차 높아지면 송곳처럼 I자 모양이 되어 땅속을 파고드는 것이다. 까끄라기는 매일 이 과정을 반복하며 조금씩 침투하여 마침내 발아하기 좋은 위치에 도달한다.[10]

봉선화, 이질풀, 국화쥐손이가 씨앗을 퍼트리기 위해 탄성을 이용한다면 물총오이squirting cucumber는 압력을 이용한 폭발력이 가장 강한 식물이다. 열매가 성장하면 삼투 현상에 의해 내부 압력이 점차 높아진다. 완전히 익은 물총오이의 최고 압력은 무려 20atm으로 대기압의 20배, 자동차 타이어 공기압의 7배에 해당한다. 더이상 압력을 견딜 수 없는 상태가 되면 열매는 줄기로부터 떨어지며 그 구멍으로 총을 쏘듯 점액질과 함께 씨앗을 분출한다. 이때 씨앗이 간혹 10m 가까이 날아가기도 한다. (유튜브에 'squirting cucumber'로 검색하면 물총오이가 씨앗을 발사하는 동영상을 찾아볼 수 있다.[11])

물총오이의 무시무시한 씨앗 발사 능력은 의학 분야에도 응용된다. 나노 입자를 운반하는 캡슐이 체내의 특정 부위에서 열을 받으면 순식간에 터지며 약물을 투여하는 원리다. 캡슐은 열에 매우 민감한 젤리 형태의 하이드로젤 껍질을 가지고 있으며, 껍질이 터지며 변형하면 그 힘으로 캡슐 안의 나노 입자는 산산이 흩뿌려진다.[12]

이동할 수 없는 태생적 한계를 지닌 식물은 이처럼 다양한 방식으로 번식에 성공하여 지구에서 수억 년간 살아남았다. 때로는 동물의 털에 달라붙고, 과육을 내주면서도 기꺼이 먹히고, 바람에 잘 흩날릴 수 있도록 가벼운 몸을 유지한다. 또한 바람이 없을 때는 스스로 바람을 만들어 내기도 하고 심지어 위험한 불까지 번식에 활용하는 모습은 확고한 목적을 위해 수단과 방법을 가리지 않는 식물의 집요함을 보여 준다.

5.
잔혹한 식물들

하지만 해리와 론이 저항할수록 식물은
더 단단하고 더 빠르게 그들을 휘감았다.

소설 〈해리 포터와 마법사의 돌〉

소설 〈해리 포터와 마법사의 돌〉에 등장하는 덩굴 식물 '악마의 덫 Devil's Snare'은 어둡고 습한 곳을 좋아하며, 매우 예민한 촉각을 가지고 있다. 이 식물은 부드럽지만 강력한 덩굴손으로 자신을 건드린 생명체를 휘감아 위협한다. 거기서 빠져나오려 발버둥칠수록 더욱 세게 옥죄는 마수는 끔찍한 괴물의 손길이다.

　이처럼 맹수보다 무시무시한 악마의 덫은 사람들이 평소 식물에 대해 갖고 있는 이미지를 산산조각 내버린다. 대다수의 사람들은 식물하면 나약함과 가냘픔을 먼저 떠올리기 때문이다. 이는 서양 문화권에서도 마찬가지다. 채소를 뜻하는 'vegetable'에는 '식물 인간' 또는 '단조롭게 사는 사람'이라는 의미도 있다. 그리고 동사 'vegetate'는 '별로 하는 일 없이 지내다'라는 뜻이며, 의학에서 식물 인간 상태는 'vegetative state'라 한다.

또한 사회에서도 식물은 주로 부정적인 의미로 쓰인다. 제 역할과 기능을 하지 못한다는 뜻으로 '식물 정부', '식물 경제'라는 단어가 사용되며, 야구에서도 상대팀 투수에게 아무런 힘을 못 쓰는 타자들을 '식물 타선'이라 한다. 그리고 식물은 동물과 비교되는 대상으로서도 보조 역할이거나 후순위에 위치한다. 흔히 동물과 식물을 합쳐 '동식물'이라 하지, 식물을 앞세워 식동물이라 하지 않으며, 국어사전에도 '동식물'만 등재되어 있다.

그렇다면 식물은 정말 수동적이며 동물에게 잡아먹히기만 하는, 힘도 없고 별 의미도 없는 그저 그런 존재일까? 그렇지 않다. 일단 이 세상에 식물이 없다면 지구의 생태계 역시 존재할 수 없다. 식물이 뿜어내는 산소가 있어야 동물이 제대로 호흡할 수 있으며, 햇빛을 받아 에너지를 만들어 내는 역할 역시 식물의 몫이다. 추가적으로 식물은 초식 동물과 인간에게 영양분을 직접 제공하기까지 하니 결국 모든 생태계의 근간이자 현대 문명의 기반인 셈이다.

또한 식물의 생명력은 매우 강인하다. 지구상에서 가장 오래된 생명체는 2장에서 이야기한 므두셀라 나무다. 이 나무는 우리나라의 역사와 비슷한 반만년에 가까운 수령을 자랑한다. 따라서 '강한 것이 살아남는 것이 아니라 살아남은 것이 강한 것'이라는 말을 감안하면 일부 식물의 생존력은 동물을 넘어선다고

1876년 다윈이 저술한 식충 식물 <Insectenfressende Pflanzen>

볼 수 있다.

그뿐만 아니라 흔히 생각하는 대로 동물만 식물을 잡아먹는 것은 아니다. 식충 식물은 반대로 곤충을 잡아먹기도 한다. 식물의 생장에는 DNA의 주요 성분 중 하나인 질소가 반드시 필요하다. 일반적으로 뿌리혹 박테리아가 식물이 공기 중의 질소를 잘 흡수할 수 있도록 암모니아 등의 질소 화합물로 형태를 바꿔 주는 질소 고정nitrogen fixation 으로 도와준다. 하지만 그마저 부족할 경우 식충 식물은 곤충을 섭취하여 단백질 형태로 질소를 보충한다. 식충 식물이 유독 질소가 부족한 환경에서 많이 자라는 이유기도 하다.

영국의 생물학자 찰스 다윈Charles Darwin 은 66세에 저술한 〈식충 식물Inseetenfressende Pflanzen)에서 식충 식물이야말로 세상에서 가장 놀라운 식물이라 하였다. 평생에 걸쳐 생물학을 연구한 노년의 대학자에게도 식충 식물은 학문적 호기심을 불러일으키는 자연의 신비였던 것이다. 만화 영화에서 나뭇가지를 팔, 다리처럼 움직여 사람을 감싸고 위협하는 나무 괴물 역시 식충 식물에서 영감을 얻어 만든 캐릭터다.

매혹적인 모습으로 곤충을 유인하여 잡아먹는 식충 식물의 반전이 때로는 섬뜩하기도 하다. 이제 식물의 나약한 모습은 잠시 잊고 식물의 잔혹함에 대해 알아보자. 동물을 향한 식물들의 반격은 이미 시작되었다.

세상에서 가장 잔인한 이슬

대부분의 식물은 꽃가루를 멀리 퍼트리기 위해 화려한 색, 그윽한 향, 달콤한 즙으로 곤충을 유혹한다. 하지만 몇몇 식물은 그보다 음흉한 목적을 가지고 있다. 바로 곤충을 잡아먹기 위한 것이다.

이름 그대로 끈끈한 점액을 이용해 곤충을 사로잡는 끈끈이주걱sundew 도 그중 하나다. 끈끈이주걱의 잎에는 수십 개의 가느다란 털이 있으며, 털 끝에는 마치 이슬처럼 점액이 방울방울 맺혀 있다. 자그마한 곤충이 그 위에 살포시 앉으면 다시 날아오

끈끈이주걱의 잎에는 점액으로 끈적거리는 가느다란 털이 있어 벌레들을 잡아 둔다.

를 수 없다. 곤충의 가녀린 다리로는 끈적거리는 점액을 떨쳐내기 어렵기 때문이다. 우리가 갯벌 속에서 걷기 매우 힘든 것과 마찬가지다.

접촉을 감지한 끈끈이주걱의 잎은 서서히 곤충을 감싸고 소화액을 분비하여 마침내 녹여 버린다. 곤충을 모두 삼킨 후에는 아무 일도 없었다는 듯이 잎을 다시 활짝 벌리고 새로운 먹잇감을 기다린다. 이러한 속사정을 모르고 끈끈이주걱을 봤을 때는 그저 영롱하고 아름답게 보이지만 사실 끈끈이주걱에 맺힌 방울은 세상에서 가장 잔인한 이슬이다.

끈끈이주걱의 포식 과정은 유체의 성질 중 점성을 이용하는 것이다. 점액의 점도는 약 100,000cP로 케첩과 비슷한 수준이며 물의 점도보다 100,000배나 높다.[1] (cP centipoise는 점도의 단위로 centi는 centimeter에서와 마찬가지로 100분의 1을 뜻하고, poise 포아즈는 점도의 단위를 처음 제안한 프랑스 물리학자 장 푸아죄유Jean Poiseuille로부터 유래했다.) 이는 커다란 곤충을 사로잡을 정도로 강한 점성은 아니지만 작은 곤충은 헤어 나오기 무척 힘든 환경 이다. 마치 바닥에 꿀이 쏟아졌을 때 커다란 물체는 쉽게 집어낼 수 있지만 먼지처럼 작은 물체는 관성력에 비해 상대적으로 점 성의 영향이 커서 빼내기 힘든 것과 같은 원리다.

강력한 점성을 가진 유체는 곤충뿐 아니라 사람에게도 무척 위협적이다. 1919년 겨울, 미국 보스턴에서 발생한 당밀 홍수 molasses flood 사고가 끔찍한 예다. 사탕수수 찌꺼기인 당밀을 보 관하고 있던 대형 창고가 갑자기 따뜻해진 날씨로 인해 터지면 서 어마어마한 양의 당밀이 도심을 휩쓸었다. 약 8m 높이의 당 밀 파도가 시속 수십 킬로미터의 속도로 다가오니 근처의 사람 들은 속수무책이었다. 결국 미처 피하지 못한 21명이 당밀에 파 묻혀 목숨을 잃고, 150여 명이 부상을 입었다.

당밀의 점도는 약 10,000cP로 물의 10,000배에 해당한다. 만 일 당밀 창고가 아니라 물탱크였다면 사람들은 가벼운 부상에 그쳤겠지만, 점성이 강한 당밀 속에서 헤엄치는 것은 거의 불가 능하여 비극적인 참사가 일어났다. 이는 가공할 만한 점성의 위 력을 낱낱이 보여준 사건이다.[2]

그렇다면 당밀이 사람의 발목을 붙잡듯 곤충의 발목을 움켜

쥐는 끈끈이주걱에게도 천적이 있을까? '걷는 놈 위에 뛰는 놈 있고, 뛰는 놈 위에 나는 놈 있다'는 속담처럼 놀랍게도 곤충들의 천적인 끈끈이주걱에게도 천적 곤충이 있다. 털날개나방 애벌레에게 끈끈이주걱은 매력적인 먹잇감이다. 몸길이 3~5mm에 불과한 이 애벌레는 미세한 털로 점액을 감지하고 몸통에 닿지 않도록 조심히 움직이며 조금씩 먹는다. 그리고 점액을 다 먹어 활동이 더욱 자유로워지면 점액이 달려 있던 대롱 끝의 둥근 덩어리에 입을 대기 시작하고 마침내 대롱마저 먹어 치운다.[3]

한편 끈끈이주걱의 점액은 생체의학적으로도 널리 활용된다. 미국 테네시대학교 연구진은 끈끈이주걱의 점액을 원자력 현미경AFM, Atomic force microscopy 으로 분석한 결과 나노 섬유nanofiber 와 나노 입자nanoparticle 로 이루어져 있음을 밝혔다. 이 중 나노 입자는 접착력을 강화하는 성질이 있어 상처 치료, 재생 의료, 합성 접착제 등 조직 공학tissue engineering 의 다양한 분야에 활용될 것으로 기대된다.[4]

달콤한 함정

식충 식물이 곤충을 사냥하는 방법은 크게 세 가지로 나뉜다. 끈적끈적한 점액으로 곤충을 움직이지 못하게 하는 방식, 곤충을 주머니 모양의 포충낭hydatid cyst 에 빠뜨려 잡는 방식, 마지막으로 파리지옥처럼 곤충을 직접 사로잡는 잎인 포충엽insectivorous leaf을 이용하는 방식이다. 앞서 이야기한 끈끈이주걱이 첫 번째 방식이라면, 네펜테스Nepenthes와 헬리암포라Heliamphora는 두 번째 방식이다. 그리고 이들처럼 포충낭으로 곤충을 잡는 식물을 항아리 식물pitcher plant이라 한다.

네펜테스도 끈끈이주걱처럼 액체를 활용하지만 구체적인 방식에는 차이가 있다. 평소 네펜테스의 입언저리peristome는 거칠지만 비가 와서 젖으면 매우 매끈해진다. 마치 자동차가 빗길에 미끄러지는 것처럼 수막현상hydroplaning이 나타나는 것이다. 달콤한 수액을 찾아 입언저리에 다다른 곤충은 쉽게 미끄러져 통 안에 빠지고 만다.

특히 떼를 지어 다니는 곤충의 경우 앞선 동료만 보고 따라가기 때문에 앞에 낭떠러지가 있는 줄 모르고 계속 전진만 한다. 함정에 걸려들었다는 것을 알아차리는 순간 돌이킬 수 없이 이미 통 안으로 떨어져 후방의 동료들에게 그 사실을 전달해 주지 못한다. 결국 줄줄이 네펜테스의 늪에 사로잡히고 만다.

네펜테스는 구조적으로도 곤충을 잡는 데 최적화되어 있다. 포충낭 내부는 매우 미끄러워 한번 빠진 곤충이 쉽게 올라갈 수 없을뿐더러 특정 방향에 따라 성질이 다른 이방성anisotropy을 띤다. 즉 네펜테스 내부를 구성하는 반달 모양의 세포는 한 방향으로 정렬되어 있어 곤충이 아래쪽으로는 내려갈 수 있지만 위쪽

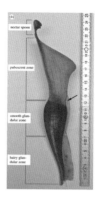

우아한 곡선을 뽐내는 네펜테스 형태학적 구조 (Ulrike Bauer et al., 2013)

으로는 마찰력이 작아 올라가기가 무척 어렵다.[5]

　네펜테스의 또 다른 구조적 특징은 우산 모양의 뚜껑을 갖고 있다는 점이다. 만일 이 뚜껑이 없으면 비가 올 때 수위가 높아져 갇혀 있던 곤충이 쉽게 탈출할 것이다. 또한 통 안의 소화액이 빗물과 섞이면 곤충을 붙잡아 두는 점성이 약해질뿐더러 소화액이 희석되어 소화에도 어려움을 겪을 것이다. 이렇게 네펜테스는 뚜껑을 이용해 소화액의 양과 성질을 거의 일정하게 유지한다.

　헬리암포라가 곤충을 잡는 방식도 비슷한 모양의 네펜테스와 유사하다. 영국 케임브리지대학교 연구진은 헬리암포라 내부에 있는 털에 대해 연구하였다. 이 털은 친수성hydrophilicity을 가지며, 이로 인해 곤충이 쉽게 미끄러져 함정에 빠진다는 사실을 밝혔다. 털의 유무에 따라 곤충의 포획률은 29%와 88%로 무려 3배 정도 차이가 난다.[6] 이처럼 곤충이 통에 한번 빠지면 헤어 나오는 것은 거의 불가능하다. 통 안의 소화액이 가지고 있는 점성 때문이다. 소화액의 점도는 약 15cP로 *끈끈이주걱*의 점액에 비하면 낮지만 물보다 15배 높다.[7]

한편 소화액의 표면장력을 낮추어 곤충을 빠져나오지 못하게 하는 식충 식물도 있다. 독사 코브라를 닮아 코브라 백합cobra lily이라고도 불리는 달링토니아 캘리포니카Darlingtonia californica 다.

미국 캘리포니아대학교 버클리캠퍼스 생물학과 데이비드 아미티지David Armitage 교수는 이 식충 식물을 유심히 조사한 결과 소화액의 표면장력이 50mN/m로 물의 70%에 불과하다는 점에 주목하였다. 일반적인 물이라면 대부분의 자그마한 곤충은 표면장력 덕분에 소금쟁이처럼 수면에 뜬다. 하지만 달링토니아 캘리포니카의 소화액은 박테리아로 인해 표면장력이 작아져 곤충이 액체에 뜨지 못하고 결국 서서히 가라앉는다. 주방 세제나 비누에 들어 있는 계면활성제surfactant 성분이 물의 표면장력을 줄이는 것처럼 박테리아가 그 역할을 하는 것이다.[8]

계면활성제는 말 그대로 물과 공기의 경계면meniscus을 활성화시켜 넓게 만드는 성분이다. 따라서 물에 계면활성제를 섞으면 물방울이 동그랗게 맺히지 않고 넓게 퍼진다. 설거지할 때 세제를 쓰면 기름 묻은 접시를 잘 닦을 수 있는 이유 역시 계면활성제가 기름과 물을 잘 섞어 함께 씻겨 내려가도록 하기 때문이다. 이와 비슷한 원리로 곤충이 갇힌 물에 박테리아가 있으면 표면장력이 작아 물에 뜨기 힘들고 결과적으로 밖으로 탈출하기가 매우 어려워진다. 이처럼 식충 식물은 스스로 움직이지 않으면서도 자유롭게 움직일 수 있는 곤충을 잡아먹을 기회를 항시 노리고 있다.

수막현상과 쿠겔 분수

비 오는 날 유독 교통사고 소식이 자주 들린다. 그만큼 빗길 운전의 어려움을 호소하는 운전자들도 많다. 한국교통안전공단의 발표에 따르면 비 오는 날에는 교통사고 발생 확률이 30% 정도 증가한다.

건조한 날에는 타이어와 도로 사이에 공기 외에 아무것도 없어 마찰력이 크므로 자동차가 거의 미끄러지지 않는다. 하지만 비가 오는 날 도로에 쌓인 빗물이 타이어와 만나면 얇은 수막을 형성하는데, 이로 인해 마찰력이 급격히 감소한다. 고체와 달리 액체는 힘을 받으면 자유롭게 변형되고 움직이기 때문에 쉽게 미끄러지는 것이다. 이 경우 얼음판 위에서 운전하는 것처럼 자동차의 속도와 방향을 원하는 대로 제어할 수 없어 매우 위험하다.

따라서 타이어 회사는 수막현상을 해결하기 위해 타이어에 홈을 파서 물이 갇히지 않고 빠져나가도록 설계한다. 과거에는 타이어 표면에 패인 홈과 무늬가 대부분 좌우 모양이 동일한 대칭형이었다. 기본적으로 좌우 대칭이어야 회전할 때 소음이 작고 마모도 비슷하게 일어나기 때문이다. 하지만 최근에는 홈과

무늬의 좌우 모양이 서로 다른 비대칭 타이어^{unsymmetrical tire}가 각광받고 있다. 비대칭 타이어는 안쪽 패턴에 최적의 홈 각도를 적용해 물의 배출을 극대화한다. 이로써 빗길을 달릴 때 수막현상을 줄여 미끄러짐을 방지한다. 반면 바깥쪽 패턴은 안쪽 대비 접지 면적을 넓혀 주행 안정성에 초점을 맞춘다. 이러한 특성이 있기 때문에 비대칭 타이어는 반드시 안쪽과 바깥쪽을 구분하여 장착해야 한다.

한편 스케이트와 스키는 얼음과 눈 위에서 발생하는 수막현상을 역으로 이용한다. 얼음에 상온의 물체가 닿으면 순간적으로 온도가 올라갈뿐더러 마찰로 발생하는 열은 얼음을 녹인다. 이때 얼음 위에 생긴 물은 그 위의 물체가 미끄러지도록 하는 역할을 한다.

공학에서도 수막현상을 활용하는 분야가 있다. 일반적으로 베어링처럼 두 개의 기계 부품이 맞닿는 부품은 마모를 막기 위해서 기름으로 윤활^{lubrication} 작용을 한다. 타이어와 도로 사이의 빗물, 스케이트 날과 얼음 사이의 물이 그러하듯 고체와 고체 사이의 액체가 마찰을 줄이는 것이다. 물론 기름은 물과 달리 쉽게 증발하지 않아 반영구적인 윤활이 가능하다.

공원에서 종종 직경 1m에 달하는 공 모양의 화강암 덩어리가 얇은 수막에 의해 공중에 살짝 떠 있는 쿠겔 분수^{Kugel fountain}를 볼 수 있다. 쿠겔 분수는 기름이 아닌 물을 사용하는데, 액체

수막현상을 이용한 쿠겔 분수의 원리

의 얇은 막을 이용한다는 점에서 볼 베어링의 원리와 유사하다.
이 역시 마찰이 매우 작기 때문에 소량의 물로 수백 킬로그램에
서 수 톤의 화강암 공도 쉽게 부양시킨다. 심지어 미국 버지니아
과학박물관에 위치한 쿠겔 분수의 화강암 공은 직경 2.65m, 무
게 27톤으로 세계에서 가장 큰 쿠겔 분수로 알려져 있다.[9] (참고
로 Kugel은 독일어로 공 모양을 뜻한다.)

파리지옥에 갇히다

식충 식물 중 끈끈이주걱, 네펜테스, 헬리암포라의 공통점은 직접 움직이지 않고 점성이나 표면장력 같은 액체의 성질만으로 곤충을 사로잡는다는 것이다. 반면 동물보다 빠른 움직임으로 곤충을 잡아먹는 식충 식물도 있다. 비디오 게임 '슈퍼 마리오'에 등장하는 뻐끔 플라워의 모티브인 파리지옥Venus flytrap이다. 참고로 Venus는 파리지옥의 잎이 로마의 여신 '비너스'의 속눈썹을 닮았다 하여 붙은 이름이다.

파리지옥은 곤충을 어떻게 포획할까? 파리 같은 작은 곤충이 잎 안쪽에 들어가 섬세한 감각모sensory hair를 건드리면 1차적으로 갈퀴 모양의 잎을 닫을 준비를 한다. 그리고 얼마 지나지 않아 다시 감각모를 건드리면 0.1초 내에 잎이 완전히 닫힌다.

파리지옥이 한 번에 잎을 닫지 않고 두 단계에 걸쳐 닫는 이유는 에너지의 효율성을 위해서다. 동물과 달리 식물은 재빨리 움직일 때 가지고 있는 전체 에너지 중 상당 부분이 소모된다. 만일 곤충이 잎에 살짝 앉았다가 바로 달아나 버리거나 곤충은 없는데 바람이 감각모를 흔들어 파리지옥이 잎을 닫으면 허탕을 친다. 불필요한 에너지를 과하게 소모한 셈이다. 따라서 장기간 잎에 머무르는 곤충만 확실히 잡기 위해 승산이 설 때만 승부를 거는 것이다. 그리고 마침내 곤충을 완전히 가두면 잎에서 소화액이 분비되어 그 영양분을 흡수한다.

파리지옥은 동물보다 빠른 움직임으로 곤충을 사로잡는다.

그렇다면 파리지옥은 동물과 달리 근육도 없는데, 어떤 원리로 움직이는 것일까? 파리지옥의 운동 기작은 잎의 구조적 탄성과 세포 내 수분 이동의 상호 작용으로 설명된다.

우선 감각모에 자극이 가해지면 수소 이온이 세포벽으로 이동하고 삼투 현상에 의해 물도 그 쪽으로 이동한다. 이로써 팽압 turgor pressure 이 상승하며 잎의 특정 지점에 힘이 몰리면 순식간에 잎이 뒤집히며 닫힌다. 4장에서 이야기한 슬랩 팔찌의 원리와 유사하다. 파리지옥이 잎을 벌리고 있을 때는 바깥쪽으로 굽어 있는 볼록한 모양convex 이지만 닫힌 후에는 안쪽으로 굽어 있는 오목한 모양concave 이 되어 내부 공간을 확보한다.

이처럼 평형 상태를 유지하고 있던 구조물이 어느 순간 매우 작은 외력에 의해 갑자기 다른 평형 상태로 변하는 현상을 스냅-좌굴 불안정성snap-buckling instability 이라 한다. 결론적으로 물

이 이동하며 형성되는 유체역학적 힘이 불안정한 상태의 잎을 다른 상태로 변화시키는 것이다.[10]

식충 식물은 아니지만 미모사mimosa의 잎 역시 파리지옥 못지 않게 빠르게 움직인다. 미모사라는 이름은 그리스 신화에 등장하는 미모사 공주에서 유래하였다. 이 공주는 시종들의 아름다움에 스스로 부끄러워하다가 한 포기의 풀로 변했다는 이야기가 전해지는데, 그 풀이 미모사다. 예민함, 부끄러움을 꽃말로 가지고 있는 미모사는 손길이 살짝 닿기만 해도 마치 시든 것처럼 순식간에 움츠린다. 미모사의 잎이 오그라드는 것은 일종의 방어 기제defense mechanism다. 외부 자극을 받은 미모사가 잎을 접으면 정상적인 모습이 사라지고 반으로 접힌 잎만 보인다. 무언가 이상함을 감지한 동물에게 먹히지 않도록 취하는 동작이다.

미모사가 움직이는 원리 역시 파리지옥과 유사하다. 잎을 건드리면 전기적 흥분을 통해 신호가 전달되고 세포 내 칼륨 이온이 방출된다. 이때 삼투 현상에 의해 잎의 연결부인 엽침pulvini 아래쪽 세포 안의 물도 빠져나간다. 세포 구조를 지탱하는 수분이 사라지면 물침대에서 물이 빠지듯이 팽압이 급속히 감소하고 잎은 오므라든다. 이 현상은 일시적으로 일어나며 약 20~30분 후 칼륨 이온과 물이 엽침으로 되돌아가면 잎은 다시 원래 모양으로 돌아온다. 참고로 춤추는 식물로 알려진 무초dancing tree 역시 미모사와 마찬가지로 팽압의 원리에 의해 잎이 펄럭인다.[11]

이처럼 식물의 팽압은 단순히 세포의 형태와 구조를 유지하는 데 그치지 않고 순간적인 힘을 발생시키는 데 활용되며, 이는 식물이 움직일 수 있게 만드는 원동력이기도 하다.

식물을 흉내낸 로봇

다양한 생물의 구조와 움직임을 모사하여 새로운 기술을 발명하는 생체모방공학의 역사는 매우 오래 되었다. 가령 과학자들은 새의 날갯짓을 흉내내어 비행기를 발명하고, 물속에서 헤엄치는 물고기의 모습을 보고 잠수함을 설계하는 등 주로 동물의 움직임에 주목하였다.

최근에는 동물뿐만 아니라 식물로부터 얻은 아이디어를 로봇에 적용하는 연구도 활발히 진행 중이다. 동물과 달리 근육 없이 움직이는 식물의 색다른 운동 메커니즘은 과학자들에게 큰 영감을 주었다. 앞서 이야기한 대로 특정 식물은 동물 못지 않게 활동적이며 독특한 방식으로 움직이기 때문이다.

미국 메인대학교 기계공학과 모센 샤힌푸르Mohsen Shahinpoor 교수는 파리지옥의 원리를 이용한 파리지옥 로봇을 발명하였다. 잎을 대신한 물질은 이온성 고분자-금속 복합체IPMC로 이온성 고분자와 전도성 금속으로 둘러싸인 형태다. 여기에 전압을 가하면 고분자 내부의 이온들이 이동하여 특정 배열을 만들며 모양이 변한다. 열팽창 계수가 다른 두 종류의 얇은 금속판을 포개어 붙여 열을 가하면 열팽창 계수가 작은 쪽으로 휘어지는 바이메탈bimetal 과 유사하다.

파리지옥 로봇에서 감각모 역할을 하는 센서에 전압을 가하면 IPMC로 만든 두 막이 바깥쪽에서 안쪽으로 휘어지며 곤충을 가둔다. 이처럼 IPMC는 미세한 전기적 힘으로 물질의 변형을 만들어 낼 수 있어 단순히 파리지옥을 흉내내는 것에 그치지 않고 인공 근육이나 초소형 로봇 등에도 활발히 이용된다.[12]

파리지옥이 순간적인 힘으로 빠르게 움직이는 반면 덩굴손tendril 은 주변 물체를 서서히 휘감는데, 오이, 호박, 포도 등이 대표적인 예다. 덩굴 식물의 줄기가 물체에 닿으면 그 반대편 세포의 생장 속도가 빨라져 곧게 자라지 않고 물체 쪽으로 휜다. 식물의 종류에 따라 줄기의 감는 속도가 다르며, 동일한 식물이라도 주변 환경에 따라 생장 속도가 달라진다. 이처럼 덩굴 식물의 줄기가 다른 물체를 꼬불꼬불 감는 성질을 접촉굴성 또는 굴촉성thigmotropism 이라 한다.

참고로 덩굴 식물뿐만 아니라 대부분의 식물은 외부의 자극에 반응하여 한쪽으로 굽는 굴성tropism 을 가진다. 예를 들어 자극제가 빛이면 굴광성phototropism, 중력이면 굴지성geotropism, 습도면 굴습성hygrotropism, 물이면 굴수성hydrotropism, 전기면 굴전성electrotropism, 열이면 굴열성thermotropism 등이 있다.

이탈리아 공학 연구소Istituto Italiano di Tecnologia의 연구진은 덩굴 식물처럼 움직이는 소프트 로봇soft robot을 개발하였다. 소프트 로봇은 딱딱한 금속으로 제작된 기존 로봇과 달리 유연한 소재로 만든 로봇을 말하며, 그만큼 변형이 쉽고 움직임이 부드럽다. 다만 동력이 작아 복잡한 기능보다는 비교적 단순한 기능을 수행한다. 덩굴손이 삼투 현상에 의해 세포 내 팽압을 조절하는 것에서 아이디어를 얻은 연구진은 탄소 전극에 이온을 흡착시키는 방식으로 이온 액체를 이동시켜 로봇의 작동을 구현하였다.[13]

식물은 움직이지 않는다는 선입견과 달리 일부 식물들은 동물과는 전혀 다른 메커니즘으로, 동물 못지 않게 활발히 움직인다. 이는 근육의 움직임을 모사한 기존 로봇의 한계를 넘어서는 새로운 돌파구가 될 수 있다는 점에서 시사하는 바가 크다.

6.
동물의 집 짓기

자연은 신이 만든 건축이며,
인간의 건축은 그것을 배워야 한다.

-안토니 가우디-

무허가로 100년 넘게 공사를 진행 중이던 건축물이 있다. 더 놀라운 것은 완공되지도 않은 건축물에서 발생하는 연간 수익이 수백억 원에 이른다는 점이다. 조선이 근대화의 싹을 틔울 무렵인 1882년, 지구 반대편에서 착공한 이 건축물은 현재도 여전히 공사 중이며 2019년에 비로소 시 당국으로부터 건축 허가를 받았다. 스페인의 천재 건축가 안토니 가우디Antoni Gaudi 가 설계한 사그라다 파밀리아Sagrada Familia 성당의 이야기다. (참고로 '사그라다'는 성스럽다는 의미이고 '파밀리아'는 가족을 뜻한다.) 평소 가우디는 주로 자연에서 영감을 얻어 건축물을 설계하였는데, 이 성당의 천장은 잎사귀, 기둥은 나뭇가지의 형상을 모사하였다.

　또한 가우디는 "모든 것이 자연이라는 한 권의 위대한 책에서

사그라다 파밀리아 성당은 바르셀로나의 대표적인 로마 카톨릭 성당으로 유네스코의 세계문화
유산으로 등재되었다.

나오며, 인간의 작품은 이미 인쇄된 책이다."라고 말하였을 정도
로 자연의 경이로움을 예찬하였다. 사그라다 파밀리아 성당이
설계도대로 완공되면 첨탑의 높이는 170m로 세계에서 가장 높
은 성당이 된다. 최고 높이가 170m인 이유는 바르셀로나 남서
부에 위치한 몬주익 언덕의 높이가 171m라는 점을 감안한 것이
다. 인간의 작품이 신이 만든 자연을 넘어서면 안 된다는 가우디
의 겸손한 의도가 담겨 있다고 전해진다.

　인류는 신석기 시대부터 정착 생활을 하였으며 추위와 비바
람으로부터 몸을 안전하게 보호할 수 있는 집을 짓기 시작하였
다. 주택은 자연 환경과 문화권에 따라 다양한 형태로 나타나고

시대에 따라 변화하였다. 동굴에서부터 움막, 이글루, 기와집, 성곽, 아파트 그리고 초고층 빌딩 등 인류의 건축 형태는 다양해지고 기술은 꾸준히 발전하였다. 현대의 건축 자재는 물론 설계 기법과 시공 기술은 수십 년 전과도 비교할 수 없을 정도다. 안전하고 효율적이며, 동시에 멋있으면서 쾌적한 공간에서 생활하고자 하는 인류의 열망은 현대 건축을 기술과 예술의 교차점에 올려놓았다.

반면 동물들은 별도의 건축학을 배우지 않고도 주어진 환경 내에서 스스로에게 최적화된 집을 짓는다. 한 예로 지구상에서 인류 다음으로 복잡한 사회를 형성하고 사는 것으로 알려진 개미는 땅속에 자기들만의 왕국을 구축한다. 협동심이 강한 개미는 수십, 수백만 마리가 함께 생활하기 때문에 지하 건축 기술이 놀라울 정도로 발달하였다. 개미굴은 한번 들어가면 나오는 길을 쉽게 찾을 수 없을 정도로 복잡한 미궁이다.

2012년 브라질에서 발굴된 개미굴은 어마어마한 크기를 자랑한다. 넓이는 약 14평, 깊이는 8m로 지금까지 확인된 개미굴 중 가장 큰 규모다. 인간에게 14평은 그리 넓게 느껴지지 않지만 개미의 신장이 인간의 수백 분의 일임을 감안하면 개미에게는 수십만 평의 넓이에, 수천 미터의 깊이인 셈이다. 이 공간에서 수백만 마리의 개미가 효율적으로 움직여야 하므로 서로 연결된 가느다란 통로들은 매우 정교한 형태로 만들어졌다.

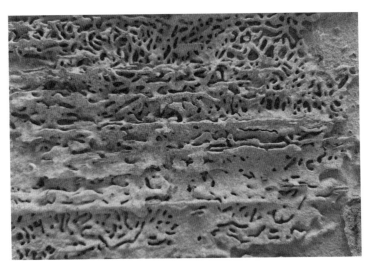

땅속에 숨어 있는 개미굴은 인간의 지하 통로보다 훨씬 복잡하다.

한편 강 하구 또는 개울에서 볼 수 있는 큰가시고기는 물속에 안전한 보금자리를 마련한다. 개울 바닥에 자그마한 웅덩이를 판 후 근처의 수초를 가져다가 튼튼한 외관을 만든다. 그리고 끈적끈적한 분비물을 내뿜어 재료들을 고정시킨다. 물살이 있지만 신기하게도 둥지는 떠내려가지 않는다. 둥지가 완성되면 알이 외부로부터 보호될 수 있도록 그 안에서 짝짓기를 한다. 그리고 알이 모두 부화하여 치어로 성장할 때까지 큰가시고기는 거의 먹지도 않고, 잠도 자지 않으며 새끼들만 돌보다가 죽음을 맞는다.

개미와 큰가시고기는 각자의 생활 양식에 맞추어 땅속과 물속에 서로 다른 형태의 집을 짓는다. 이처럼 동물들의 다양한 건축물에서 아이디어를 얻어 인간의 건축 기술에 적용하는 분야를 자연모사건축biomimetic architecture 이라 한다.

건축술은 유체역학과도 깊은 연관이 있다. 사람이 공기를 끊임없이 들이마시듯 건축물 역시 그 자체는 단단한 덩어리지만 내부를 가득 채우는 것은 공기다. 구체적으로 이야기하면 건축에서 빼놓을 수 없는 공조air conditioning 기술은 공기의 흐름, 즉 바람을 이용한다. 비록 공기는 눈으로 볼 수도, 손으로 만질 수도 없지만 그 통로를 효율적으로 설계하는 일은 건축의 주요소다. 사람이 숨을 쉬는 것처럼 건물도 환기가 매우 중요하기 때문이다.

우리나라의 전통 건축물인 한옥은 바람 통로를 제대로 활용한 사례이다. 여름철 마당의 뜨거운 공기는 위로 상승하고 그 공간은 한옥 뒤편의 산으로부터 불어오는 서늘한 바람이 채운다. 날이 더울수록 열기의 밀도가 낮아져 더 빠르게 상승하고 산바람도 그만큼 더 세게 불어온다. 이러한 자연 대류natural convection 로 인해 대청은 늘 시원함을 유지한다. 대청은 방과 방 사이를 연결하는 공간인 동시에 바람 통로 역할도 하는 셈이다.

한편 건물의 난방에는 따뜻한 공기의 대류 방식 외에 보일러로 물을 가열한 후 이를 순환시켜 바닥을 데우는 방식도 있다. 또한 상하수도 시설의 원활한 이용을 위해서는 수로의 정교한 설계가 필수다. 이처럼 공기와 물의 흐름을 이용한, 그리고 이용하기 위한 건축은 과거부터 현재까지 끊임없이 연구되고 있다.

극한 환경에서 인간보다 오랫동안 생존해 온 동물들은 그에 적응하기 위해 기상천외한 방식으로 건축물을 짓는다. 자연에서 유체의 특성을 활용해 각기각색의 집을 짓고 살아가는 동물들에 대해 자세히 알아보자.

자연의 건축 장인

유럽과 북아메리카의 하천이나 늪에 서식하는 비버 beaver 는 다른 포유류에 비해 건축 능력이 탁월하다. 비버는 오두막을 짓기 전에 먼저 수 미터 길이의 댐을 쌓는다. 단순히 땅 위에 집을 짓는 것과 달리 물살이 센 시냇물의 일부를 막아 댐을 건설하려면 유체 흐름에 대한 이해가 있어야 한다. 물은 항상 높은 곳에서 낮은 곳으로 흐르는데, 그것을 인위적으로 막으려면 힘이 꽤 필요하기 때문이다. 특히 댐의 규모가 커지면 그 힘 역시 엄청나다. 댐 안에 갇힌 물처럼 정지한 유체에 작용하는 힘 또는 유체에 의하여 작용되는 힘을 연구하는 학문을 정수역학 hydrostatics 이라 한다.

비버는 댐을 지을 때 본능적으로 시냇물 흐름의 특성을 이해하고 수압을 고려한다. 물살이 약한 곳에서는 일직선으로, 물살이 센 곳에서는 압력을 감안하여 흐르는 쪽으로 약간 휘어지게 댐을 짓는다. 그리고 물살이 지나치게 셀 경우 물을 옆으로 흘려

비버는 주변에 있는 자연의 건축 자재를 활용하여 댐과 집을 짓는다.

주는 별도의 방수로tailrace를 만들기도 한다. 참고로 비버가 쌓은 댐 중 현재까지 발견된 가장 긴 것은 무려 1km다.[1]

비버가 사용하는 댐의 자재는 주로 나뭇가지, 돌, 진흙, 풀잎, 나뭇잎 등으로 무척 다양하다. 심지어 자신을 잡기 위해 놓은 덫까지 가져다 쓸 정도로 영리하다. 또한 비버는 인간처럼 망치나 도끼 같은 도구를 사용할 수 없지만 대신 강력한 앞니로 굵은 나뭇가지를 쉽게 자른다. 비버를 만났을 때 손가락을 내밀지 않도록 조심해야 하는 이유다.[2]

참고로 독일의 주방용품 회사 휘슬러fissler가 출시한 바이오닉Bionic은 비버의 치아에서 아이디어를 얻어 출시한 식칼이다.

비버의 앞니는 아무리 써도 무뎌지지 않는데, 서로 다른 두 종류의 단단한 재질로 되어 있기 때문이다. 다이아몬드만큼 단단한 칼날의 앞면에만 특수 코팅을 하면 반대편이 갈리더라도 항상 날카로움을 유지한다.

비버는 댐을 완성한 후 수심이 깊은 호수 한가운데 본격적으로 오두막을 짓기 시작한다. 육상 동물의 침입을 차단하기 위해서다. 우선 오두막이 무너지지 않도록 나뭇가지들을 견고하게 쌓고 빈틈은 진흙으로 메워 외부의 바람을 차단한다. 이렇게 지어진 오두막의 내부는 추운 날씨에도 어느 정도의 온기를 유지하는데, 나무와 진흙이 단열재 역할을 하여 열의 이동을 막기 때문이다.

이처럼 비버는 단순히 자신의 안식처만 확보하는 것에 그치지 않고, 주변 환경까지 복합적으로 고려하여 오두막을 짓는다. 이것이 인간을 제외하고 지구상에서 가장 뛰어난 건축술을 지닌 동물로 비버를 꼽는 이유다.

열전도율과 단열재

뜨거운 물에 쇠젓가락을 담그면 손잡이까지 열이 전달되지만 나무젓가락을 담그면 열이 거의 전달되지 않는다. 금속은 나무에 비해 열이 잘 전달되기 때문이다. 즉, 금속의 열전도율thermal conductivity이 나무보다 수십 배 더 높다. 이처럼 모든 물질은 각기 고유의 열전도율을 가지고 있다. 비버가 오두막의 재료로 쓰는 나무, 진흙은 열전도율이 낮은 편에 속한다. 따라서 내부의 열이 바깥으로 거의 빠져나가지 않아 따뜻함을 유지할 수 있다.

열의 이동을 최대한 막을 수 있는 물질, 다시 말해 보온, 보냉을 목적으로 쓰는 재료를 단열재insulator라 한다. 주로 효과적인 냉난방을 위한 건설 자재로 쓰거나 냉기의 보존이 중요한 냉장고에서 사용한다. 특히 냉장고의 벽면으로 사용되는 발포 플라스틱foamed plastic은 일종의 고체 거품으로 가벼우면서도 열 차단 효과가 매우 뛰어나다. 또한 보온병의 이중벽 사이 진공은 열을 전달하는 매체가 없기 때문에 뜨거움을 오래 유지할 수 있다.

반대로 열전도율이 높아야 유리한 경우도 있다. 냄비 속의 물을 빨리 끓이려면 냄비의 재질이 금속이어야 한다. 그중에서도 철보다는 알루미늄, 알루미늄보다는 구리가 열을 잘 전달한다. 또한 자동차 좌석의 열선 시트 역시 열전도율이 높아야 바로 따뜻함을 느낄 수 있다. 2010년 노벨 물리학상의 연구 주제인 그래핀graphene은 탄소 원자로 이루어진 얇은 막으로 열전도율이 일반 금속보다 10배 이상 높아 차세대 신소재로 각광받고 있다.

참고로 금속은 대개 열전도율과 전기전도율이 높고 비금속은 낮은 편이지만 항상 그런 것은 아니다. 열의 전도는 원자들의 진동으로 이루어지지만 전기의 전도는 자유 전자free electron가 이동하면서 발생하기 때문이다. 단적인 예로 다이아몬드는 어떤 금속보다도 열전도율이 높지만, 절연체라 할 만큼 전기전도율은 매우 낮다.

각종 물질의 열전도율

물질	열전도율(kcal/℃)	물질	열전도율(kcal/℃)
에어로젤	0.01	얼음	2.2
공기	0.02	철	80
물	0.6	알루미늄	240
나무	0.3	구리	400
유리	1	다이아몬드	1,000
콘크리트	1.7	그래핀	5,000

공중의 건축가

비버가 물과 육지를 부지런히 오가며 집을 짓는 반면 거미는 아무것도 없는 허공에 집을 지을 수 있는 유일한 동물이다. 실을 만들고 뽑아내는 기관을 가진 거미는 먹이를 먹은 뒤 20분이 지나면 거미줄을 만드는 데 필요한 단백질을 합성할 수 있다. 배 안에서 액체 상태로 존재하던 단백질은 가느다란 관을 통과하면서 수분이 제거되고 산성 물질과 결합하여 탄력 있는 거미줄로 바뀐다.

나뭇가지에 자리 잡은 거미는 우선 반대편 나뭇가지로 거미줄을 뿌려 일종의 다리를 만든다. 그리고 이 다리를 오가며 새로운 줄을 만들고 단단하게 연결하는 과정을 반복한다. 거미는 자신이 만든 거미줄에 스스로 갇히지 않도록 중간중간 끈끈한 줄이 아닌 마른 줄을 적당히 뽑아내고 그 위를 오가며 줄을 계속하여 설치한다. 거미는 매일 체중의 10%에 달하는 거미줄을 만들 수 있으며, 흐트러진 거미줄을 다시 먹어 재활용하기도 한다.

이렇게 만든 거미줄의 굵기는 머리카락과 비교해 수백 분의 일에 불과하다. 하지만 거미줄의 단위 면적당 강도는 철강의 5배 수준으로 거미 몸무게의 1,000배나 되는 무게도 견딜 수 있다. 인간이 건축에 사용하는 강도 높은 자재인 철강도 거미줄에 비하면 매우 약한 셈이다. '거미줄도 모이면 사지를 묶는다'라는 아프리카 속담 역시 거미줄이 얼마나 강력한 소재인가를 단적으

거미 종류와 주변 환경에 따른 다양한 형태의 거미줄

로 보여주는 예다. 이 같은 고강도의 거미줄로 지어진 거미집은
세상에서 가장 가벼운 건축물 중 하나이기도 하다.

참고로 간혹 거미가 아닌 다른 동물이 건축 자재로 거미줄을
이용하기도 한다. 세 가지 빛깔을 가져 삼광조三光鳥로도 불리는
긴꼬리딱새다. 이 새의 등은 수컷은 어두운 자주색, 암컷은 갈색
이고 머리, 목, 윗가슴은 검푸른색, 배는 흰색이다. 여느 새와 마
찬가지로 풀과 나뭇가지, 이끼로 둥지를 만든 긴꼬리딱새는 마
지막으로 주변에서 훔쳐 온 거미줄을 둘러 고정시킨다. 둥지를
이루는 전체 구성 요소 중 거미줄이 차지하는 비율은 얼마 되지

않지만 헐거운 외벽을 단단히 보완하는 역할을 한다.[3]

한편 거미줄은 높은 강도뿐만 아니라 쉽게 구부러지고 휘어지는 탄성도 가지고 있다. 미국 MIT 연구진은 우연히 거미줄이 습도에 따라 매우 민감하게 반응하는 현상을 관찰하였다. 거미줄은 머리카락이나 동물의 털과 달리 습도가 증가할 때 뒤틀리며 심하게 수축하는데, 이를 과수축supercontraction 이라 한다. 습도 변화에 따른 거미줄의 수축 기능은 향후 인공 근육 개발에 적용될 수 있을 것으로 기대된다.[4]

흰개미집에서 배우다

비버와 거미의 집은 구조는 서로 다르지만 둘 다 단독 주택으로 단순한 형태다. 반면 집단 생활을 하는 동물들은 공동 주택을 지을 때 고려해야 하는 점이 훨씬 많다.

주택의 본질은 거주하기에 적당한 환경을 만드는 것이다. 다시 말해 내부 온도를 가능한 일정하게 유지해야 한다. 따라서 매우 춥거나 더운 지역에 건물을 지을 때는 냉난방의 효율을 올리는 데 더욱 깊은 관심을 기울일 필요가 있다. 극한적인 온도의 환경에서 냉난방에 소모되는 에너지는 상상을 초월할 정도로 많기 때문이다. 몇몇 건축가들은 적은 에너지로 효과적인 냉방을 하기 위해 동물로부터 아이디어를 얻었다.

흰개미집은 일정한 온도 유지와 환기 측면
에서 최적화되어 있다.

　　일반 개미들은 땅속에 굴을 파고 통로를 연결하여 그 안에서
생활하는데, 아프리카에서 볼 수 있는 흰개미집termite mound 은
매우 독특한 모습이다. 흰개미들은 오랜 시간에 걸쳐 3~8m 높
이의 탑처럼 생긴 집을 짓는다. 흰개미의 신장은 약 5mm이므로
몸길이의 1,000배 정도 되는 건축물을 세우는 것이다. 참고로 현
재까지 인류가 건축한 가장 높은 빌딩은 2010년 완공된 아랍에
미리트의 부르즈 할리파(828m)로 인간 신장의 약 500배에 불과
하다. 길이가 수 밀리미터에 불과한 개미가 수 미터 높이의 튼튼
한 건축물을 짓는다는 사실도 놀랍지만 그 안에는 더욱 경이로
운 환기 시스템이 숨어 있다.

　　아프리카의 무더운 여름, 한낮 기온이 35℃를 넘어도 흰개미

집의 실내 온도는 항상 30℃ 이하를 유지한다. 2005년 하버드대학교 연구진이 흰개미집을 잘라 단면을 살펴본 결과 중심과 외곽에 여러 개의 구멍이 발견되었다. 각각의 구멍은 서로 연결되어 공기 흐름을 원활하게 한다.

흰개미는 먹이로 사용할 버섯을 키우는데, 버섯균이 나무와 풀을 분해하는 과정에서 열이 방출된다. 이 열로 밀도가 낮아진 공기는 상승 기류를 통해 밖으로 배출된다. 이때 이산화탄소 역시 열과 함께 빠져나가 흰개미들이 질식하지 않고 생활할 수 있다. 그리고 대류 현상으로 인해 시원한 공기가 지속적으로 실내 곳곳에 유입된다. 연구 결과에 의하면 구멍들의 유기적인 구조로 인해 외부 온도가 23℃에서 30℃로 변하더라도 흰개미집의 내부 온도는 27℃를 유지한다.[5]

흰개미집처럼 열을 이용하여 더위를 식히는 원리는 사막 유목민의 검은 옷에서도 찾아볼 수 있다. 이들이 굳이 흰 옷에 비해 햇빛을 잘 흡수하는 검은 옷을 입는 이유는 옷 안의 뜨거운 공기가 위로 상승하면서 내부 공기를 순환시키기 위함이다. 이러한 대류로 인해 땀이 기화되며 열을 빼앗기 때문에 흰 옷보다 오히려 시원하다.

한편 짐바브웨 출신의 건축가 믹 피어스Mick Pearce는 어린 시절 자주 봤던 흰개미집으로부터 영감을 얻어 10층 규모의 이스트게이트 센터Eastgate Centre를 설계하였다. 평소 옷을 제2의 피

흰개미집의 냉방 원리를 이용한 이스트게이트 센터는 연중 거의 일정한 온도를 유지한다.

부, 건물을 제3의 피부라 말하는 피어스는 건물의 환경이 인체에 미치는 영향과 건물과 자연의 상호 작용에 대해 강조하였다.

짐바브웨의 수도 하라레는 여름철 낮 평균 기온이 40℃에 육박한다. 여기에 위치한 이스트게이트 센터는 두 동으로 이루어져 있으며, 그 사이는 텅 비어 있다. 또한 꼭대기에 63개의 통풍구가 있어 더운 열기가 빠져나가고 지하의 차가운 공기가 내부로 들어오는 구조다. 이는 흰개미집의 냉방 원리와 유사하다. 이스트게이트 센터는 에어컨 없이도 항상 적정 온도를 유지하여 동일한 크기의 다른 건물과 비교해 냉방에 사용하는 전력이 10%에 불과하다. 인류는 흰개미의 지혜 덕분에 상당한 비용을 절감하였다.[6]

갯벌에 사는 세스랑게도 흰개미처럼 자연적으로 환기가 가능한 집을 짓는다. 세스랑게의 몸길이는 2cm에 불과하지만 진흙을 쌓아 만든 집은 그보다 몇 배나 되는 높이다. 최상부에는 굴뚝처럼 직경 2mm의 구멍이 있는데, 집 내부의 공기를 순환시키는 역할을 한다. 외부에 바람이 불면 베르누이 정리Bernoulli's theorem 에 의해 순간적으로 구멍 주변의 압력이 낮아지고 내부의 공기가 바깥으로 빠져나온다. 구멍이 너무 크거나 작으면 압력 차이가 작아 공기 순환이 제대로 이루어지지 않는데, 세스랑게는 경험적으로 그 크기를 절묘하게 알고 있는 듯하다.[7]

정육각형의 미학

흰개미와 마찬가지로 집단 생활을 하는 꿀벌 역시 거주 공간의 계획적인 설계가 필요하다. 정육각형의 벌집honeycomb은 수학적으로 가장 효율적인 공간 중 하나다. 정다각형 중 동일한 모양으로 평면을 빈틈없이 채울 수 있는 도형은 정삼각형, 정사각형, 정육각형뿐이며, 정오각형이나 정칠각형 이상의 정다각형 그리고 원형은 불가능하다. 이러한 이유로 벽면에 붙이는 타일역시 대다수가 정삼각형, 정사각형, 정육각형이다. 이 중 정삼각형이나 정사각형과 비교하여 정육각형이 갖는 장점은 동일한 테두리 길이로 가장 넓은 면적을 확보할 수 있다는 점이다. 다시 말해 각각의 면적이 동일한 경우 정육각형의 둘레가 가장 짧음을 의미하고, 이는 벌집을 지을 때 재료가 가장 적게 소모된다는 뜻이기도 하다.

참고로 이처럼 동일한 모양의 조각들을 서로 겹치지 않고 빈틈이 생기지 않게 늘어 놓아 평면을 덮는 것을 테셀레이션tessellation 또는 타일링tiling, 우리말로는 쪽매맞춤이라 한다. 테셀레이션은 수학뿐만 아니라 미술에서도 널리 활용되며, 보도 블록이나 조각보 같은 생활 디자인에도 필수적이다. 네덜란드 판화가 모리츠 에셔Maurits Escher*는 테셀레이션 예술가로 유명하다. 에셔는 반복적인 패턴과 차원의 변형을 통하여 수학적 개념이 내포된 판화를 완성하였다. 또한 테셀레이션은 재료 과학의 한 분야인 결정학crystallography에서 결정질 물체의 구조와 성질에 대해 연구하는 데에도 활용된다.[8]

한편 영국의 생물학자 찰스 다윈Charles Darwin은 벌집을 공간과 재료의 낭비가 전혀 없는 완벽한 구조라 극찬하였다. 이처럼 최소한의 재료로 최대한의 공간을 만들 수 있는 벌집 구조는 가

---

* 모리츠 에셔(Maurits Escher, 1898~1972): 네덜란드의 판화가. 하틀렘건축공예학교에서 목판화와 회화를 배웠으며, 건축가 아버지로부터도 많은 영향을 받았다. 에셔는 일반 판화와 달리 엄밀한 기하학적 규칙에 의거하여 수학적이고 과학적인 작품을 많이 남겼다. 에셔 작품들의 형식은 명확하고 기하학적이지만 내용은 일상 세계가 아닌, 비현실적인 4차원 이상의 세계를 묘사하고 있다. 에셔 스스로는 판화가보다 '마음과 영혼이 있는 그래픽 아티스트'로 불리길 원하였다고 전해진다.

벌집 구조는 가벼우면서도 튼튼하여 건축 자재, 비행기 등 다양한 구조물에 활용된다.

장 경제적이며 구조상으로도 안정적이다. 따라서 가벼우면서도 튼튼해야 하는 항공기의 몸체, 골판지, 샌드위치 판넬 등에 많이 사용된다.

하지만 널리 알려진 바와 달리 벌집이 처음 만들어질 때부터 육각형인 것은 아니다. 벌집의 형성 초기에는 원통형인데, 시간이 지나면서 표면장력에 의해 육각형 구조로 변형된 것이라는 사실이 밝혀졌다. 영국 카디프대학교 공학부 부샨 카리할루 Bhushan Karihaloo 교수는 벌이 집을 짓고 있는 과정의 막바지에 연기를 피워 벌을 내쫓은 후 자세히 살펴본 결과 벌집이 원통 모양임을 확인하였다.

벌집의 주재료인 밀랍wax은 벌의 배 속에 있을 때는 거의 고체라 할 수 있을 정도로 점성이 매우 강하다. 벌의 체온이 상승하면 따뜻해진 밀랍은 점차 끈적한 액체로 변하며 밖으로 배출된다. 이때 벌은 집을 원형으로 만드는데, 아직 따뜻한 밀랍은 유동성을 가지고 있다. 그 결과 표면장력에 의해 원통과 원통 사이의 틈을 스스로 채우고 마침내 벌집은 육각형으로 변형된다.[9]

이는 하나의 비눗방울은 구형이지만 여러 개의 비눗방울이 합쳐지면 육각형 모양이 되는 것과 유사하다. 그 형태가 표면적을 최소로 하는, 즉 자연적으로 가장 안정적인 상태이기 때문이다. 애초에 벌이 의도적으로 기하학 지식을 건축에 접목한 것이 아니라 표면장력이라는 유체역학 현상에 의해 자연스럽게 최적의 구조가 만들어진 것이다.

이처럼 벌집은 밀랍을 가열하여 만들어진 것이기 때문에 만일 외부 온도가 지나치게 높아지면 다시 유동성을 가지게 되어 결국 벌집은 무너져 내린다. 따라서 여름철 한낮 온도가 35℃를 넘으면 벌들은 끊임없는 날갯짓으로 뜨거운 공기를 집밖으로 배출하고, 서늘한 공기를 안으로 불어넣어 내부 온도를 유지한다. 또한 일부 벌들은 근처에서 구해 온 물방울을 벌집에 뿌려 온도를 낮추기도 한다. 벌은 건축 구조는 모르더라도 유체역학 지식을 이용해 집안 온도를 조절하는 법은 알고 있는 듯하다.

베짜기새의 아파트 둥지

새들은 대개 조심성이 많고 예민하여 집단 생활을 하기보다 각자의 둥지를 갖는 편이다. 하지만 남아프리카공화국에 서식하는 베짜기새 sociable weaver 는 앞서 이야기한 꿀벌처럼 커다란 둥지에 함께 모여 산다.

베짜기새 둥지는 다른 새들의 둥지와 비교해 크기와 구조, 모양새에 큰 차이가 있다. 먼저 일반적인 둥지가 수 센티미터에서 수십 센티미터인 반면 베짜기새의 둥지는 수 미터에 달한다. 베짜기새는 혼자 또는 한 가족용 둥지가 아닌, 수백 마리가 함께 모여 살 수 있는 아파트형 둥지를 건설하기 때문이다.

영문 이름의 weaver(베 짜는 사람)에서 알 수 있듯이 베짜기새는 크고 작은 나뭇가지와 풀을 종횡으로 엮어 매우 단단한 둥지를 튼다. 인간과 달리 베짜기새는 둥지를 지을 때 접착제나 못을 사용할 수 없다. 하지만 서로 맞물린 나뭇가지와 풀들은 쉽게 부러지거나 빠지지 않아 한 세기 넘게 그 형태를 유지하기도 한다.

참고로 중국 베이징 올림픽 주 경기장의 모양은 새 둥지와 비슷하여 둥지라는 뜻의 냐오차오鳥巢 경기장이라고 부른다. 이 거대한 경기장은 마치 둥지처럼 철강재를 엮어 만들었는데, 베짜기새가 나뭇가지와 풀을 고정시키듯 건설 기술자들이 나사와 볼트를 사용하지 않고 철강재를 일일이 접합하여 화제가 되었다.

어마어마한 크기의 베짜기새 둥지에는 수백 마리가 모여 산다.

베짜기새가 어마어마한 크기의 둥지를 치는 과정은 다음과
같다.

1. 집터로 자리 잡은 나무에 마른 풀을 빼곡히 꽂는다.
2. 가느다란 나뭇가지를 엮어 둥지의 뼈대를 완성한다.
3. 천적의 침투를 막기 위해 입구를 아래로 하여 방을 한 칸씩 늘려 나
   간다.

이렇게 튼 베짜기새의 둥지는 안정성뿐만 아니라 보온 효과
도 탁월하다. 촘촘하게 짜인 나뭇가지와 그 사이의 공기층이 단
열재 역할을 하기 때문이다. 뜨거운 한낮에는 둥지 안의 온도가

바깥 온도보다 3~4℃ 낮아 시원하고, 해가 지는 시점을 전후로 외부 온도와 내부 온도는 역전되어 밤에는 바깥보다 둥지 내부가 더 따뜻하다.

또한 커다란 규모도 추위를 막는 데 도움이 된다. 주변 방들이 찬 공기의 흐름을 막아 주기 때문이다. 마치 아파트의 양 옆집이 난방을 하면 그 영향으로 덜 추운 것과 마찬가지다. 이는 함께 사는 생활 양식의 이점이다.

사람은 옷의 두께를 조절할 수 있어서 10℃의 기온 차이에 별 영향을 받지 않지만, 옷을 따로 입지 않는 동물들은 외부 온도 1~2℃ 차이에도 민감하게 반응한다. 예를 들어 수온이 1℃만 상승해도 물고기들은 서식지를 이동하고, 10℃ 이상 올라가면 떼죽음을 당하기도 한다. 따라서 높은 곳에 위치하여 사막 지면의 뜨거운 열기를 피하면서 비교적 단열이 잘 되는 베짜기새의 둥지는 현명한 선택의 결과다.

하지만 이 커다란 둥지는 간혹 심각한 문제를 일으키기도 한다. 우리나라에서도 전봇대에 둥지를 튼 까치 때문에 발생하는 정전 사고로 한국전력이 골머리를 앓지만 베짜기새에 비할 바가 아니다. 베짜기새 둥지는 무려 1톤에 육박하는 무게로 인해 간혹 나무나 전봇대를 쓰러트리기도 하기 때문이다. 따라서 위험성을 가진 둥지를 사전에 제거하려는 인간과 삶의 터전을 빼앗길 수 없는 베짜기새의 치열한 전쟁은 계속되고 있다.

물속에 집 짓기

새들이 주로 나뭇가지로 둥지를 트는 반면 물에 사는 동물 중 일부는 부력의 원리를 이용하여 집을 짓는다. 그중 논병아리는 가벼운 수초를 모아 배처럼 물 위에 뜨는 둥지를 만든다. 그런 다음 애써 만들어 놓은 둥지가 물에 떠내려가지 않도록 근처의 갈대 줄기 사이로 옮긴다. 사방을 둘러싼 갈대를 지지대로 삼아 위치를 고정시키는 것이다. 이처럼 한번 자리 잡은 논병아리의 둥지는 어지간한 물살에 흘러가지 않으며, 비가 내려 수위가 올라가더라도 물에 잠기지 않는다.[10]

늪과 연못에 사는 수컷 버들붕어round-tailed paradise fish는 더욱 독특한 형태의 둥지를 튼다. 물풀이 무성한 곳에 끈끈한 점액으로 거품을 발생시켜 그것으로 둥지를 만드는 것이다. 마치 비눗방울처럼 얇은 액체막과 내부의 공기로 이루어진 거품은 밀도가 공기보다 약간 높고, 물보다는 매우 낮아 물에 잘 뜬다. 거품이 터지지 않도록 물살이 약한 곳에 둥지를 완성하면 암컷은 알을 낳는데, 알 자체도 물에 뜨는 부상성浮上性이라 둥지가 가라앉지 않는다. 논병아리와 수컷 버들붕어 모두 부력이라는 유체역학적 원리를 활용하여 집을 짓는 것이다.

한편 아예 물속에 공기 방울을 만들어 그 안에서 생활하는 동물도 있다. 물거미는 물풀 사이에 거미줄을 치고 수면에서 만든 자그마한 공기 방울을 끌고 와서 거미줄에 붙인다. 공기 방울이

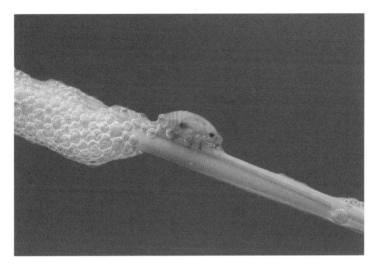
거품벌레는 이름대로 거품을 내뿜어 그 안에 숨어 지낸다.

너무 커지면 부력에 의해 물 위로 떠올라 터질 수 있기 때문에
이 과정을 몇 차례 반복하여 적당한 크기의 공기 방울을 만들고
이를 집으로 삼는다. 그리고 산소가 부족해지면 다시 수면으로
올라와 새로운 공기 방울을 가져와서 보충한다. 물거미는 지구
상에 물과 공기가 사라지지 않는 이상 평생 마음껏 집을 짓고 수
리할 수 있다.

　매미목의 거품벌레froghopper의 경우 집은 아니지만, 체내에서
공기 방울과 분비물을 섞어 거품을 내뿜은 후 그 아래에 숨는다.
물거미의 공기 방울과 달리 마치 침을 뱉은 것처럼 작은 방울들
이 모여 거품을 이루는데, 이렇게 거품으로 위장하면 천적의 눈

을 피할 수 있을뿐더러 유해한 직사광선을 차단하여 연약한 피부를 보호할 수 있다.[11]

동물들은 가혹한 자연 환경에서 안전한 보금자리를 만들어 인간보다 훨씬 오랫동안 살아남았다. 이제 우리가 지구 곳곳에 숨어 있는 그들의 노하우를 빌려 올 차례다.

7.
사냥의 기술

사냥개가 없으면
고양이를 데리고라도 사냥해라.

-브라질 속담-

1971년 발견된 울산광역시 반구대의 암각화는 역사학자와 고고학자들의 뜨거운 관심을 받았다. 널찍한 바위에 선사 시대의 생활상이 사실적이고 구체적으로 묘사되어 세계적인 선사 미술로 평가받았기 때문이다. 암각화에는 물개, 거북, 고래를 비롯한 해양 동물, 사슴 등의 육지 동물 그리고 사람과 생활 도구가 세밀히 표현되어 있다. 특히 귀신고래, 향유고래, 범고래 등 60여 종의 고래가 파도를 타고 물을 뿜는 모습 그리고 사람이 배를 타고 고래를 잡는 모습이 가장 많이 그려져 있어 이 일대가 매우 오래 전부터 포경의 근거지였음을 추측할 수 있다.

미술이 그리 발달하지 않았던 당시에 단단한 바위에 사냥하는 모습을 힘들게 새긴 것으로 미루어 볼 때 구석기 시대에 사냥

세계 각지의 암각화에는 선사 시대의 생활상이 고스란히 담겨 있다.

은 인간에게 가장 중요한 생존 기술이었다. 자신과 가족의 생명을 유지하기 위한 식생활의 필수 요소이기 때문이다. 돌을 깨뜨리고 형태를 다듬어 만든 뗀석기는 비교적 간단한 형태이지만 사냥에 널리 활용되었다. 맹수에 비해 신체 능력의 우위를 점하지 못한 인간은 무기를 사용하여 그들을 제압할 수 있었다.

신석기 시대에는 빗살무늬 토기로 유추되는 농업 혁명 agricultural revolution 으로 곡물의 안정적인 수확이 가능해졌다. 또한 소와 개 등의 가축을 사육하여 식량 공급에서 사냥의 비중은 점차 줄어들기 시작했다. 그리고 현대인에게 사냥은 더 이상 끼니를 해결하기 위한 수단이 아니라 고급 취미 활동이 되었다.

인간 사회도 종종 정글로 묘사되지만 자연은 더욱 철저한 약육강식弱肉強食의 세계다. 여전히 경작과 사육을 하지 못하고, 시장과 마트에 못 가는 동물들에게 사냥은 생존을 위한 처절하고 절실한 행위다. 매일 먹잇감을 찾아 헤매는 동물들 사이에서 먹고 먹히는 먹이 사슬food chain은 슬프지만 자연의 순리이자 숙명이다.

사냥은 잡아먹고, 잡아먹히는 동물 모두에게 목숨이 걸려 있는 문제이기 때문에 그만큼 더 치밀한 전략을 가지고 전투에 임하고, 그에 맞선다. 그리고 포식자는 다른 동물과 치열한 경쟁 관계에 있고, 먹잇감은 생존을 위해 필사적으로 몸부림치므로 사냥 방식을 발전시킬 수 밖에 없다. 남보다 앞서지 못하면 결과적으로 도태되어 세상에 살아남을 수 없기 때문이다.

책의 서두에서부터 살펴본 대로 동물들은 자신만의 방법으로 물을 마시고, 집을 짓고, 무리를 이루어 산다. 그리고 더욱더 고도의 기술이 필요한 사냥법은 자신의 신체 구조와 주변 환경을 최대한 활용하여 정교하고 은밀하며 창의적인 방식으로 수행된다. 이 과정에서 물과 공기로 둘러싸인 동물들이 유체역학적 원리를 이용하는 것은 필연적이다. 커다란 덩치와 자그마한 체구를 가진 생물 간의 대결, 물 밖의 생물과 수중 생물의 사투, 물고기가 떼를 지어 공격하고 방어하는 전략 등 삶과 죽음을 오가는 전쟁이 어떠한 방식으로 펼쳐지는지 자세히 살펴보자.

공기 방울을 쏘다

생태계에서 몸집의 크기는 육체적 대결에 있어 매우 중요한 요소다. 아무리 사나운 맹수라도 초식 동물인 코끼리, 기린 등에게 함부로 덤비지 못한다. 육지에 코끼리가 있다면 바다에는 최상위 포식자인 고래가 있다. 그중에서도 몸길이 15m, 몸무게 30톤에 달하는 혹등고래humpback whale는 지구 역사상 가장 큰 동물인 대왕고래blue whale에 버금간다. 가슴 지느러미만 해도 4~5m로 어지간한 대형 물고기를 훌쩍 능가할 정도다. 그리고 커다란 덩치를 유지하기 위해 하루에 무려 1톤이 넘는 식사를 한다.

하지만 혹등고래가 거친 바다에서 살아남은 것은 단순히 덩치 때문만은 아니다. 혹등고래는 여러 신체 측면에서 바다 생활에 최적화되어 있다. 우선 지느러미의 혹은 물살의 저항을 줄이고 양력을 증가시키기 때문에 헤엄치는 데에 매우 유리하다. 이를 항공역학에서는 혹 효과tubercle effect라 한다.

이처럼 자연계에는 직관과 달리 매끈한 표면보다 돌기가 있는 표면이 소용돌이를 발생시켜 공기나 물의 흐름을 원활하게 만들기도 한다. 혹등고래뿐만 아니라 상어의 비늘, 사구아로 선인장의 홈 그리고 2장 〈사막에서 살아남기〉에서 이야기한 골프공의 딤플도 유사한 원리다. 혹등고래의 이 같은 구조와 형태는 환풍기나 에어컨 실외기의 팬fan, 풍차 날개 등에 적용되어 공기 저항과 소음을 줄이는 것으로 밝혀졌다.[1]

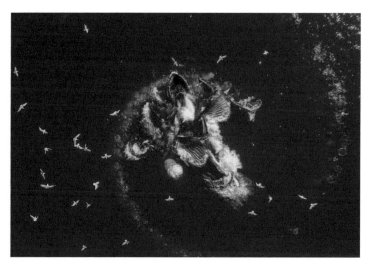

혹등고래는 공기 방울로 만든 그물로 먹잇감을 감싼다.

또한 혹등고래는 매우 유연하여 덩치에 비해 움직임이 무척 자유롭다. 특히 가끔 탄력을 이용하여 물 밖으로 솟구쳐 오르는 고래뛰기breaching를 한다. 배를 위로 하여 뛰어올라 등을 활 모양으로 구부린 후 머리를 먼저 물속으로 박는 모습은 마치 곡예에 가깝다. 이는 다른 고래와 마찬가지로 의사소통, 짝짓기, 감정 표현, 기생충 털어내기 등의 여러 목적을 가진다.

이처럼 각자의 능력치가 뛰어난 혹등고래지만 사냥할 때는 여러 마리씩 떼를 지어 다닌다. 혹등고래 떼는 주 먹잇감인 크릴새우와 작은 물고기 떼를 발견하면 둥글게 원을 그리며 일제히 분수공blowhole으로 공기 방울을 내뿜는다. 물속의 수많은 공기 방울은 부력에 의해 위로 떠오르며 먹잇감을 가두는데, 이는 촘촘한 그물과 같다. 사방에서 좁혀오는 공기 방울 그물^{bubble net}에 당황한 새우와 물고기들은 수면으로 도망치는데, 결국 아래서부터 추격하는 혹등고래의 입속으로 빨려 들어간다.

먹잇감이 풍부한 환경에서는 위와 같은 방법으로 손쉽게 배를 채울 수 있지만 그렇지 않은 경우에 혹등고래는 또 다른 방식으로 사냥에 나선다. 혹등고래는 움직이지 않고 제자리에서 입을 크게 벌리고 기다린다. 물새들의 공격에 쫓긴 물고기 떼가 혹등고래의 입속인지 모르고 대피하도록 유도한 뒤 그대로 꿀꺽 삼키는 방식이다. 일명 함정 사냥^{trap-feeding}이다. 이는 먹잇감이 별로 없는 상황에서 굳이 공기 방울을 만들며 힘들게 움직이는 능동적인 방식보다 에너지를 적게 사용한다는 장점이 있다.[2]

한편 몸길이가 혹등고래의 수백 분의 일에 불과한 딱총새우^{snapping shrimp} 역시 공기 방울을 발생시켜 먹잇감을 사냥하는데, 방식은 좀 다르다. 딱총새우의 두 집게발 중 하나는 몸통과 크기가 거의 비슷할 정도로 매우 크다. 딱총새우는 주변의 먹잇감이 포착되면 이 무시무시한 집게발을 벌렸다 힘껏 집는다. 이 동작은 0.001초 내에 일어나며, 200dB 내외의 강력한 굉음을 동반한다. (참고로 자동차의 경적 소리가 100dB, 권총의 사격음이 150dB 수준이다.) 그리고 그 순간 소리에 의해 빛이 번쩍이는 음발광^{sonoluminescence} 현상이 나타난다. 딱총새우의 집게발이 내는 소

좌우 비대칭의 집게발을 가진 딱총새우

리가 어찌나 큰지 수중 1km 밖에서도 감지될 정도이며, 미국 해군은 제2차 세계대전 당시 잠수함을 운행할 때 나는 소음을 숨기기 위해 딱총새우 떼를 활용한 일도 있었다.[3]

다른 동물에서는 찾아볼 수 없는 딱총새우의 독특한 사냥 방식은 과학자들의 관심을 사로잡았다. 독일 뮌헨대학교 동물학과와 네덜란드 트벤테대학교 응용물리학과로 구성된 연구진은 딱총새우의 공동 기포cavitation bubble를 이용한 사냥법에 대해 〈사이언스〉에 발표하였다. 초고속 카메라를 이용하여 딱총새우가 집게발을 오므리는 모습을 살펴보면 다음과 같다.

딱총새우가 집게발을 빠르게 집으면 안쪽 공간에 들어차 있던 물이 제트류jet stream처럼 쭉 분사된다. 순간적인 유동으로 인해 압력이 갑자기 낮아진 부분에는 공기 방울이 발생한다. 그리고 이 공기 방울이 터지며 굉음과 함께 발생한 충격파는 근처의 먹잇감을 기절시킨다. 이 모든 과정이 눈 깜짝할 새에 일어난다.[4]

이처럼 액체 속의 물체가 빠르게 움직이면 순간적으로 압력이 낮아지고 액체에 녹아 있던 기체가 빠져나와 압력이 낮은 곳에 모인다. 이로 인해 액체가 없는 텅 빈 공간, 즉 기포가 생기는데, 이를 공동 현상cavitation이라 한다. 딱총새우 사냥의 핵심 원리인 공동 현상은 실생활에서도 찾아볼 수 있는데, 주로 고속 회전하는 선박의 프로펠러와 터빈 주위에서 일어난다. 이는 기계 장치의 효율을 떨어뜨리고 장비를 침식하는 원인이 되며 심할 경우 소음 문제도 발생한다. 따라서 공동 현상을 줄이기 위해 수중 환경과 프로펠러 날개의 형상을 최적화하는 연구가 진행 중이다. 한편 공기 방울이 터지면서 발생하는 파괴력을 가전제품에 응용하는 사례도 있다. 버블 세탁기는 옷감 속을 파고 든 공기 방울이 터지면서 세탁물을 두드려 얼룩을 제거하는 효과를 이용한다.

물속의 명사수

딱총새우가 제트류를 간접적으로 이용하여 충격파로 먹잇감을 잡는다면, 물총고기archerfish는 이름대로 물줄기를 직접 먹잇감에 쏘아 잡아서 사수어射水魚라고도 한다. 수면 근처의 물총고기는 풀이나 나뭇가지에 매달린 먹잇감을 발견하면 입안에 물을 양껏 모은다. 그리고 혀를 둥글게 말아 물이 지나갈 통로를 만들고 아가미 뚜껑을 닫아 그 압력으로 강한 물줄기를 발사한다.

2012년 이탈리아 밀라노대학교 연구진이 발표한 논문에 따르면 물총고기가 쏘는 물줄기가 수면과 이루는 각도인 앙각elevation angle은 평균적으로 74° 전후다. 그리고 물줄기의 평균 속도는 초속 2m이며, 최대 2m까지 날아가 물 밖의 곤충을 정확하게 맞춘다.[5] 파리 같은 작은 곤충이 나뭇가지에 매달리고 있는 힘은 물줄기에 의한 충격력의 20%도 채 되지 않아 힘없이 물로 떨어진다. 인간에게는 가는 물줄기에 불과하지만 자그마한 곤충 입장에서는 치명적인 물대포인 셈이다. 물을 넉넉히 장전한 물총고기는 물대포를 한 번 발사하는 데에 그치지 않고 연달아 6~7번 발사하기도 한다.

그렇다면 물총고기는 어떻게 물 밖의 곤충을 정확히 겨냥하여 명중할 수 있을까? 한 가지 놀라운 사실은 물총고기가 공기와 물을 통과하는 빛의 굴절률refractive index이 다르다는 것을 경험적으로 알고 있다는 점이다. 우리가 물속의 물체를 비스듬히 바라보고 잡으려 하면 손이 물체의 실제 위치에 도달하지 못한다. 하지만 물총고기는 빛의 굴절률 차이는 물론 중력과 공기 저항까지 계산한 것처럼 목표물을 거의 명중을 시킨다. 마치 광

놀라운 사격 실력을 가진 물총고기

학의 스넬의 법칙 Snell's law 과 고전 역학의 포물선 운동 projectile motion 을 제대로 이해한 듯하다. 심지어 사냥 경험이 많은 물총고기는 주변 경쟁자들로 둘러싸여 있는 상황에서 먹잇감이 어디로 떨어질 것인지를 미리 예측한 후 물총을 쏜 다음 바로 그쪽으로 재빨리 헤엄쳐 가기도 한다. 아무리 정확히 명중하여 곤충을 물에 떨어뜨려도 경쟁자들이 먼저 잡아먹으면 노력이 물거품이 되기 때문이다.

또한 물총고기는 사람 얼굴을 구분할 정도로 지능이 높은 물고기로도 알려져 있다. 영국 옥스퍼드대학교와 호주 퀸즐랜드대학교 공동 연구팀은 물총고기에게 모니터를 통해 사람의 얼굴 사진을 보여 주고 특정 사람에게만 물을 뿜도록 훈련시켰다. 이후 미리 얼굴을 보여준 사람과 낯선 사람 44명의 사진을 보여줬더니, 물총고기가 물을 뿜어 익숙한 사람을 맞춘 확률이 80%가 넘었다. 어류 중 이러한 인식 능력을 갖췄다고 보고된 것은 물총고기가 처음이다.[6] 이처럼 물총고기는 수중이라는 불리한 환경에서도 물 밖의 동물들을 위협할 정도로 최적화된 신체 구조와 치밀한 전략, 그리고 동물로서는 무척 뛰어난 인지 능력을 가지고 있다.

독가스 살포자

자연계에서 생존을 위해 무언가를 쏘는 동물은 물총고기뿐이 아니다. 오징어, 문어, 주꾸미 등 대부분의 두족류는 먹물 주머니를 가지고 있으며, 천적을 만나면 먹물을 내뿜어 위험에서 벗어난다. 새까만 먹물에는 자연에서 흔히 볼 수 있는 검은 색소 멜라닌melanin이 있어 순간적으로 상대방의 시야를 가리는 데 적합하다. 이처럼 호신용으로 만들어진 오징어 먹물은 아이러니하게도 조선시대에는 약으로 쓰여 허준의 〈동의보감〉에도 나올 정도였으며, 최근에는 블랙 푸드라 불리며 건강 식품으로 각광받고 있다.

오징어가 먹물을 방어용으로만 활용하는 반면 몸안에 독을 품고 사는 생물도 있다. 일반적으로 복어, 독버섯 등은 적으로부터 자신을 지키기 위해 체내에 독을 가지고 있는 수동적인 형태다. 하지만 방귀 벌레라는 별명을 가지고 있는 폭탄먼지벌레 bombardier beetle는 독을 품고만 있지 않고 능동적으로 내뿜는다.

폭탄먼지벌레는 배 안의 기관에 과산화수소hydrogen peroxide와 히드로퀴논hydroquinone을 가지고 있는데, 이 화학 물질은 평소 안정 상태를 유지한다. 그러다 폭탄먼지벌레가 위협을 느끼면 밸브를 열고 효소를 분비하여 두 물질을 반응시킨다. 이 과정에서 100℃에 가까운 열이 발생하며 압력이 높아지고, 독성 물질인 벤조퀴논benzoquinone이 스프레이 형태로 분사된다. 넓은 각도로 뿜어져 나오는 독성 물질의 모습은 마치 화재시 작동하는 스프링클러sprinkler와 비슷하다. 폭탄먼지벌레는 기관총처럼 1초에 수십 번씩 연달아 발포가 가능하며 심지어 총구는 270° 회전이 가능하여 원하는 목표물을 정확히 맞출 수 있다.[7]

몸길이가 2cm에 불과한 폭탄먼지벌레는 이처럼 열과 독성을 가진 물질을 내뿜어 자기보다 수십 배나 큰 개구리나 두꺼비에게 치명적인 공격을 가하며 이는 인간에게도 위협적이다. 영국의 생물학자 찰스 다윈은 이러한 사실을 모른 채 폭탄먼지벌레를 채집하다 양손이 모자라자 한 마리를 입에 넣었다. 잠시 후 폭탄먼지벌레의 독가스 공격을 당한 다윈은 깜짝 놀라 벌레를 뱉었고 잡았던 벌레들을 모두 놓쳤다는 일화가 전해진다.

한편 미국 MIT 연구진은 싱크로트론 엑스선synchrotron x-ray을 이용하여 살아 있는 폭탄먼지벌레 내에서 일어나는 독성 물질의 제조 및 분사 과정을 촬영하였다. 그 결과 내부막의 정교한 팽창과 수축이 반응물의 정확한 주입과 독성 분무의 연속적인 방출을 가능하게 함을 밝혔다. 이러한 폭탄먼지벌레의 놀라운 기능은 고압 분사 기술을 필요로 하는 소화기 등에 이용될 것으로 기대된다.[8]

자연의 다이빙 선수들

이제 물총고기와 반대로 물 밖에서 생활하다가 물속의 먹잇감을 노리는 동물에 대해 알아보자. 수영의 세부 종목인 다이빙은 대개 수 미터 높이에서 낙하하여 물에 입수한다. 이때 입수 자세는 두 손을 가지런히 모아 손부터 머리, 어깨, 허리, 다리 순으로 거의 일직선에 가깝다. 물과 접촉하는 면적을 최소로 하여 큰 저항 없이 물에 들어가기 위함이다.

물고기를 잡기 위해 하늘에서 바닷속으로 뛰어드는 가넷 gannet 역시 다이빙에 일가견이 있다. 주로 대서양에서 서식하는 바닷새 가넷은 눈이 머리 앞쪽에 있어 인간처럼 양안시 binocular vision 위주로 사물을 입체적으로 바라볼 수 있다. 이는 토끼처럼 양 눈으로 사물을 따로따로 바라보는 단안시 monocular vision 에 비해 시야가 좁은 대신 물체의 움직임을 포착하는 데에 유리하다.

가넷은 수직에 가깝게 물속으로 뛰어들어 물고기를 사냥한다.

가넷은 하늘을 유유히 날다가 물속의 먹잇감을 발견하면 먼저 상공 30m 높이로 올라가서 가속할 수 있는 구간을 확보한다. 그 다음 시속 100km의 놀라운 속도로 수직에 가깝게 급강하한다. 입수 직전 머리와 목은 곧게 펴고 날개는 모두 접어 몸에 붙인 상태로 마치 접은 우산과 비슷한 모양이다. 이러한 자세를 유지함으로써 단면적을 줄여 자신에게 가해지는 충격을 최소화한다. 물론 충격을 줄이기 위해서 느린 속도로 입수하는 것도 한 가지 방법이다. 하지만 그렇게 되면 물속 깊이 침투할 수 없어 사냥의 본래 목적에 부합하지 않기 때문에 빠른 하강 속도는 타협할 수 없는 요소다.

다른 새들이 수평으로 날며 발톱으로 수면 위의 물고기만 낚아채는 데에 그치는 반면 가넷은 수직 낙하하는 기세를 몰아 물속 깊이 잠수하여 물고기를 사냥한다. 가넷의 수중 사냥이 가능한 이유는 숨을 30초 이상 참을 수 있기 때문이다. 심지어 하늘에서 날기 위해 퍼덕거리던 날개를 물속에서는 마치 지느러미처럼 헤엄치는 데에 이용한다. 물속 10~20m 깊이까지 들어온 가넷은 위로 상승하며 물고기를 잡아 다시 하늘로 승천한다. 바다와 물속을 자유롭게 드나드니 그야말로 수공양용水空兩用이다.

그렇다면 가넷은 수면과 부딪힐 때의 엄청난 충격량에도 불구하고 어떻게 안전하게 입수할 수 있는 것일까? 우선 기능적으로는 눈을 덮은 보호막은 물안경, 단단한 두개골은 헬맷, 머리 안의 공기 주머니는 에어백 역할을 한다. 그리고 구조적으로는 부리와 머리의 모양, 목 근육에 그 비결이 있다.

미국 버지니아폴리테크닉주립대학교 생체의학과 연구진은 비닐폴리실록산vinylpolysiloxane을 재료로 3D 프린팅하여 원뿔 모양의 인공 부리를 만들었다. (비닐폴리실록산은 실리콘의 한 종류로 치과에서 입안 구조를 복제할 때 쓰는 인상재impression material의 주재료다.) 그리고 인공 부리의 원뿔각cone angle과 입수 속도를 변경해가며 충격력을 분석한 결과 가넷의 목 길이, 목 근육, 입수 속도가 모두 상해를 입지 않기 위한 최적의 조건임을 밝혔다.

또한 수면과 충돌 직전 구부러져 있는 목 근육을 수축시켜 수직으로 반듯이 세운다는 사실도 알게 되었다. 이는 목뼈가 받는 힘을 최소화하여 기둥이 축 방향의 힘을 받아 휘어지는 좌굴 buckling 현상을 막기 위함이다. 마치 사람도 허리를 꼿꼿이 펴야 척추에 무리가 가지 않는다는 점과 유사하다.[9]

한편 미국 캘리포니아에 위치한 모노호 Mono Lake 에는 물속을 자유자재로 드나들어 일명 '다이빙 파리'라 불리는 알칼리 파리 alkali fly 가 산다. 이 호수는 석회질의 수용액에서 나온 탄산 칼슘이 침전된 석회화 tufa 가 장관인데, 보기에는 아름답지만 일반적인 생물이 살기에는 최악의 환경이다. 호수 물의 염도가 바닷물보다 2~3배 높고, pH가 10에 달할 정도로 매우 강한 알칼리성이기 때문이다. 지금으로부터 150년 전 이 곳을 여행한 미국의 소설가 마크 트웨인 Mark Twain 은 이 곳을 "lifeless, treeless, hideous desert... the loneliest place on earth(생명체가 없고, 나무가 없으며, 흉측한 사막으로… 지구에서 가장 쓸쓸한 곳)"이라 평하였다.

하지만 대부분의 생물이 살기 어려운 환경이기에 역설적으로 이 곳에 적응한 생물에게는 더할 나위 없이 훌륭한 서식지이기도 하다. 뚜렷한 천적도 없다는 의미이기 때문이다. 또한 호수속에는 파리의 먹잇감인 조류 algae 와 브라인 새우 brine shrimp 등이 풍부하다.

일반적인 파리는 물에 빠지면 표면장력으로 인해 물 밖으로 탈출하는 것이 매우 어렵다. 하지만 알칼리 파리는 먹이를 먹거나 알을 낳기 위해 물에 수시로 입수한다. 심지어 수심 5m에서

10분 이상 머물다가 밖으로 나와도 물에 젖지 않고 마른 상태를 유지한다. 그 비결은 바로 소수성에 있다.

자연계에서 소수성은 쉽게 찾아볼 수 있다. 1장에서 이야기한 사막의 딱정벌레와 물방울이 동그랗게 맺히는 연잎 등이 그 예다. 또한 펭귄의 깃털 역시 소수성을 띠고 있어 바닷물이 몸속으로 스며들지 않게 막아 준다. 알칼리 파리는 일반 파리보다 왁스 성질의 털이 많아 소수성 중에서도 강한 소수성인 초소수성 superhydrophobicity 을 띠고, 이 털들로 인해 온몸에 공기 방울이 형성되어 물속에서도 몸이 거의 젖지 않는다. 이는 왁스로 만든 양초를 물에 아무리 담갔다가 빼도 물에 젖지 않는 것과 같다. 덕분에 알칼리 파리는 남들에게는 극한의 환경에서 천적도 없이 안전하고 여유롭게 살아갈 수 있다.[10]

소리 없이 나는 새

대부분의 사냥은 매우 은밀한 방식으로 조용하고 신속하게 이루어진다. 아무리 빠른 치타라도, 아무리 힘 센 사자라도 먹잇감이 눈치채고 달아나기 시작하면 사냥 성공률은 급격히 떨어지기 마련이다. 따라서 사냥할 때 가장 주의해야 할 점은 먹잇감이 누군가 자신을 노리고 있다는 사실을 알아차리지 못하게 하는 것이다. 이는 물속을 헤엄치는 물고기와 하늘을 나는 새 모두 마찬가지다.

그런 점에서 올빼미owl가 먹잇감에게 접근할 때의 비행법은 매우 영리하다. 올빼미족night owl이라는 말이 있을 정도로 올빼미는 밤에 활동하는 야행성이다. 조용한 밤에는 자그마한 소리도 크게 들리기 때문에 사냥할 때는 더욱 조심스러워야 한다.

올빼미의 골격과 날개 구조는 조용한 비행을 하는 데 특화되어 있다. 우선 몸에 비해 크며, 휘어진 날개는 양력을 얻는 데 유리하다. 따라서 한 번의 날갯짓으로 먼 거리를 날 수 있다. 다시 말해 작은 새들처럼 날갯짓을 자주 퍼덕거릴 필요가 없다. 윙윙거리는 벌새와 모기가 시끄러운 이유도 양력을 받기 위해 작은 날개를 쉴 새 없이 움직이기 때문이다.

또한 영국 케임브리지대학교 연구진은 올빼미 날개 뒤편에 위치한 작은 깃털들이 공기 흐름의 소용돌이vortex를 줄여 결과적으로 소음을 저감시킨다는 사실을 밝혔다. 빗 모양의 매우 작은 털은 소리를 반사하지 않고 그대로 흡수하는 기능을 가진다. 흡음재sound-absorbing materials에 미세한 구멍이 많아서 그 속으로 들어간 소리가 다시 되돌아 나오지 못하는 것과 유사한 원리다.[11]

이러한 연구 결과는 공학적으로도 널리 활용되고 있다. 앞서 혹등고래의 혹에서 아이디어를 착안하여 팬의 효율을 향상시킨 것처럼 독일의 팬모터 회사 지라벡Ziehl-Abegg은 올빼미 깃털을 모방한 팬을 설계하였다. 그 결과 기존 제품보다 소음을 무려

올빼미 날개의 미세한 털들은 소음을 흡수하여 올빼미가 조용히 날 수 있도록 돕는다.

6dB이나 감소시켰다. 소음이 매우 큰 환경에서 이 차이는 미미하지만 팬처럼 조용한 환경에서 6dB은 획기적인 수치다.[12]

그동안 항공공학자들은 새들의 다양한 비행법에서 아이디어를 얻어 효율적으로 나는 방식에 대해 연구하였다. 이와 달리 올빼미의 비행법은 적군에게 감지되지 않아야 하는 스텔스기 stealth aircraft 처럼 에너지가 아닌 소음 문제가 더 중요한 항공기 개발에 큰 도움이 될 것으로 기대된다.

한편 올빼미처럼 조용히 날 수 없다면 재빠르게 날라 먹잇감을 낚아채는 것도 한 가지 방법이다. 그런 점에서 물수리 osprey 는 매와 비슷한 모습의 수리과로 물고기를 가장 잘 잡는 새로 알려져 있다. 100m가 넘는 높은 상공에서도 먹잇감을 발견할 정도로 시력이 좋으며, 시속 100km가 넘는 속도로 목표물을 향해 돌진한다.

이때 물수리는 몸을 움츠려 공기 저항을 최소화한다. 공기든 물이든 유체 속에서 움직일 때 유동 저항은 물체의 단면적에 비례하기 때문이다. 따라서 하늘을 날 때는 날개를 넓게 펼쳐서 양력을 최대한 많이 받지만 물고기를 향해 돌진할 때는 날개를 접어 몸을 움츠리는 것이 우월 전략이다. 이처럼 새들은 저마다 조용하거나 빠르거나 하는 그들 고유의 전술을 가지고 사냥에 임한다.

바다의 스텔스기

하늘의 스텔스기가 올빼미라면 바다의 스텔스기는 해마 seahorse 다. 해마의 머리 구조는 조용히 먹잇감을 잡는 데 유체역학적으로 실질적인 도움이 된다.

해양 동물이 물속에서 먹잇감을 잡아먹는 방식은 매우 다양하다. 바닷물과 먹잇감의 밀도가 비슷하여 그대로 삼키기는 어렵기 때문에 포식자들은 효율적인 사냥을 위해 자신만의 방식을 사용한다. 가장 흔한 방식으로 먹잇감을 물과 함께 빨아들이는 흡입 섭식suction feeding, 입을 벌리고 먹잇감을 향해 서서히 나아가는 전진 섭식ram feeding, 매우 빠른 속도로 나아가는 돌진 섭식lunge feeding, 목 관절을 회전하며 머리를 위로 들어 입을 먹이로 이동시키는 회전 섭식pivot feeding 등이 있다.

물고기 중 가장 느린 해마는 독특한 머리 구조로 주변의 물 흐름을 느리게 만들어 먹잇감을 잡아 먹는다.

이 중 해마가 먹이를 먹는 방식은 회전 섭식이다. 해마는 평소 물속을 유유히 움직일뿐더러 날렵하게 생긴 머리 모양 때문에 거센 물결을 일으키지 않는다. 덕분에 동물 플랑크톤 같은 먹잇감들은 해마가 1mm 이내로 접근해도 알아차리지 못한다. 피봇pivot은 회전하는 물체의 중심점을 의미하는데, 해마는 목을 피봇 삼아 머리를 재빨리 위로 들어 입으로 먹이를 낚아챈다.

미국 텍사스대학교 오스틴캠퍼스 연구진은 레이저에서 나오는 빛의 간섭 현상으로 3차원 이미지를 얻는 홀로그래피holography 기법과 입자의 움직임을 추적하여 유동을 분석하는 입자영상유속계particle image velocimetry 기법을 이용하여 해마의 사냥 모습을 연속 촬영하였다. 일반 사진과 비교하여 홀로그래피 기법은 먹잇감의 움직임을 3차원으로 추적 가능하다는 장점이 있다. 그 결과 해마는 먹잇감이 약 1mm 거리에 있을 때 사냥 성공률이 94%로 상당히 높다는 점을 확인하였다.[13]

이처럼 물속에 사는 물고기와 하늘을 나는 새에게 사냥은 생존을 위한 필수 기술이다. 그들은 주변 환경 요소인 물과 공기의 유체역학적 특성을 본능적으로 이해하고 사냥에 활용해왔다. 또한 동물들은 지금 이 순간에도 자신만의 최적화된 방식으로 치열하게 먹잇감을 사냥하고 있다. 인간보다 더 오랜 기간, 매일 생존 전쟁을 치르는 그들의 전략을 배워야 하는 이유다.

8.
물속 그리고 물 위에서

잔잔한 바다에서는
훌륭한 뱃사공이 만들어지지 않는다.

-영국 속담-

달빛 출렁이는 짙푸른 바다 배경의 포스터가 인상적인 〈그랑
블루Le Grand Bleu 〉는 바다의 신비한 매력을 흠뻑 느낄 수 있는 프
랑스 영화다. 그리스의 바닷가 마을에서 태어난 자크(쟝 마르 바
Jean Marc Barr 분)는 어린 시절 아버지를 잠수 사고로 잃고 돌고래
를 가족 삼아 외롭게 자란다. 그에게 엔조(장 르노Jean Reno 분)는
잠수 실력을 겨루는 경쟁 상대이자 우정을 다지는 유일한 친구
다. 둘은 드넓은 바다를 마치 개인 수영장처럼 자유롭게 헤엄치
며 바다와 뗄래야 뗄 수 없는 하나의 운명이 된다.

오랜 시간이 흘러 엔조는 프리 다이빙 챔피언이 되었고 그의
권유로 자크도 다이빙 대회에 참가하게 된다. 치열한 경쟁 끝에
마침내 자크가 승리하고 엔조는 무리한 잠수 끝에 결국 물속에

푸른 바다를 배경으로 한 남자의 사랑과 우정
을 그린 영화 <그랑 블루>

서 나오지 못한다. 슬프도록 아름다운 풍경의 바다는 두 사람의
인생에 어떤 의미였을까?

실화를 바탕으로 한 <그랑 블루>는 바다라는 미지의 세계에
대한 인간의 동경을 담아낸 영화이자 기록물이다. 실제 주인공
인 자크 마욜^{Jacques Mayol}은 1976년 49세의 나이에 인류 최초로
수심 100m 잠수에 성공한 전설적인 프리 다이버다. 아무런 장비
없이 홀로 물속 깊이 들어가는 프리 다이빙은 엄청난 수압과 그
보다 더 무서운 고독함을 이겨 내야 하는 자신과의 싸움이다. 그
래서 맨몸으로 바다를 오롯이 느끼는 프리 다이빙에 '세상에서 가
장 고요하고 고독한 스포츠'라는 별명이 붙었다. 그리고 지금도
더 깊은 바닷속을 탐험하고자 하는 인간의 욕망은 계속되고 있다.

프리 다이빙이 심해에 대한 인간의 순수한 호기심과 욕망이
라면 잠수함은 인류가 쌓아온 최첨단 과학의 결정체다. 인간은
해양 과학 기술의 도움을 받아 바닷속을 더 깊이 탐험할 수 있
게 되었다. 태평양 북마리아나 제도 동쪽에 위치한 마리아나
해구Marianas Trench 는 지구상에서 가장 깊은 해저다. 그 길이가
2,550km에 달하며, 최저 수심은 무려 10,984m다. 에베레스트 높
이보다 2,000m나 더 깊은 웅덩이가 바닷속에 숨어 있는 셈이다.
이는 지상으로 치면 대류권을 넘어 성층권에 도달하는 높이다.

인류가 에베레스트 정상에 첫 발을 내딛고 7년이 지난 1960
년 1월, 심해 탐사정 바티스카프 트리에스테Bathyscaphe Trieste 는
마리아나 해구에 도달하였다. 미국 해군 장교 돈 월시Don Walsh
와 스위스 해양학자 자크 피카르Jacques Piccard 가 함께 달성한 인
류 탐험사의 쾌거였다. 참고로 자크 피카르는 1931년 인류 최초
로 성층권을 탐사한 스위스의 물리학자 오귀스트 피카르Auguste
Piccard 의 아들이다.[1]

그리고 50여 년이 흐른 2012년 평소 심해에 깊은 관심을 가
지고 있던 캐나다의 영화감독 제임스 카메론James Cameron 은 내
셔널 지오그래픽과 함께 1인용 잠수정을 제작하였다. 이 잠수정
은 '심해 도전자'라는 뜻의 딥시 챌린저Deepsea Challenger 로 길이
는 7.3m, 내부 직경은 1.1m에 불과하였지만 심해의 생태를 3차
원 영상으로 담을 수 있는 카메라도 부착되었다. 카메론은 이 잠

수정을 직접 운행하여 마리아나 해구 바닥에 도달하였다. 어렸을 적부터 영화보다 해양 탐사에 더 흥미를 느꼈던 카메론의 꿈과 도전이 담겨 있는 탐험이었다.

심해가 아니더라도 바다는 수심이 깊어질수록 햇빛이 도달하지 못해 점차 어두워진다. 같은 종류의 생선이라도 양식장의 얕은 물에서 자라 햇빛을 많이 받는 생선은 대체로 새까맣고 바다 깊은 곳에서 서식하는 자연산 생선은 상대적으로 밝은 빛을 띤다. 물속 깊이 들어갈수록 햇빛의 투과율은 낮아져 수심 1,000m 지점은 아무것도 보이지 않는 암흑 세계다. 그 지점에 비해 10배 더 깊은 마리아나 해구는 우리가 상상조차 할 수 없는 미지의 공간이다.

이처럼 바다와 육지의 환경은 근본적으로 물과 공기라는 물질적 차이가 있다. 물은 공기에 비해 밀도가 1,000배 높으며, 이는 압력의 차이로 이어진다. 물의 무게로 인해 형성되는 수압은 물속으로 10m 내려갈 때마다 1기압씩 증가한다. 다시 말해 수심 10,000m 지점의 마리아나 해구에는 지상의 1,000배에 달하는 어마어마한 압력이 존재한다. 이는 손톱만 한 넓이에 1톤 트럭을 올려놓은 상태로 육상에서는 존재하지 않는 환경이다.

또한 물의 비열은 공기보다 4배 정도 크다. 동일한 열량을 가했을 때 물은 1℃ 올라가는 반면 공기는 4℃를 올릴 수 있다는 의미다. 따라서 바다는 육지에 비해 상대적으로 온도 변화가 작다. 구체적으로 육지의 기온은 최저 -90℃에서 최고 50℃로 편차가 매우 크지만 바다의 온도는 최저 -5℃에서 최고 30℃로 비교적 차이가 작다. 이러한 차이로 인해 낮에 뜨거워진 육지에서는 상승 기류, 바다에서는 하강 기류가 발생하여 바다에서 육지로 해풍이 불고, 밤에는 그 반대로 육풍이 분다.

이처럼 육지와 전혀 다른 환경의 바다는 지구 최초 생명체의 탄생에 매우 중요한 역할을 하였다. 지금으로부터 약 35억 년 전 바닷속 여러 가지 원소들이 특별한 반응과 변화를 거쳐 생명체의 바탕이 되는 유기 물질을 만들었기 때문이다. 생명체들은 서로 분화된 기능을 수행하면서 점점 더 복잡한 생물로 진화하였다. 그리고 시간이 흐름에 따라 진화를 거듭하여 절지동물 중 일부가 육지로 올라왔고 마침내 영장류로 변모되었다. 결국 인류의 기원을 찾아 거슬러 올라가면 바다가 나온다.

육지로 올라오지 않고 여전히 물속에서 살아가는 물고기에게 수영은 삶 그 자체다. 다시 말해 헤엄칠 수 없는 물고기는 생존할 수 없다. 하지만 갓 태어난 새가 얼마 지나지 않아 자연스레 날갯짓을 하듯 물고기도 누가 가르쳐 주지 않아도 스스로 헤엄치는 법을 익힌다. 그 과정에서 수중 동물들은 본능적으로 유체역학을 활용하기도 하는데, 이는 아가미와 지느러미가 없어 물속에서 살 수 없는 우리에게도 많은 영감을 준다. 다양한 형태의 수중 동물과 수상 동물은 어떻게 살아가는지 살펴보자.

거북복을 닮은 자동차

바닷속 여러 지점들은 물로 구성되어 있다는 점만 동일할 뿐 천편일률적인 환경이 아니다. 가령 수심이 깊은 곳은 수압이 높고 수면 근처는 상대적으로 수압이 낮다. 또한 물살이 유난히 센 곳이 있는 반면 잔잔하여 물의 흐름이 거의 없는 곳도 있으며, 바닷물의 온도도 제각각이다. 이런 다양한 환경과 암초 및 물풀 같은 지형지물은 물고기들의 체형과 행동 양식에 많은 영향을 준다. 오래전 한 개체에서 파생되었지만 현재의 물고기들이 각기 다른 체형을 가지고 있는 이유다.

물고기들의 체형은 방추형 fusiform, 측편형 compressiform, 편평형 depressiform, 장어형 anguilliform, 구형 globiform 등으로 구분된다. 고등어, 참치 등 가장 일반적인 형태인 방추형은 헤엄치는 데 유체역학적으로 매우 효율적이다. 공기 저항이 중요한 어뢰나 미사일 역시 방추형이며, 고속 열차 KTX-산천은 앞부분이 산천어 모양을 닮아 붙은 이름이다. 세로로 길쭉한 참돔과 가로로 납작한 넙치는 측편형에 해당하는데, 이들은 장거리 이동에 제약이 있어 육지에서 가까운 연안에 산다. 편평형으로는 바닥에 붙어 사는 가오리 등이 있으며, 높은 수압에 버틸 수 있어 바닷속 깊은 곳에 서식하는 경우가 많다. 장어는 돌 틈과 모래 바닥에 몸을 숨기기에 유리한 길쭉한 모양의 장어형이다. 마지막으로 빠르게 헤엄치기에 가장 불리한 구형의 복어는 그 대신 독을 품고

있어 적으로부터 자신을 보호한다.[2]

하지만 복어가 수중 생활에 불리한 점만 가지고 있는 것은 아니다. '상자 물고기boxfish'라는 별명을 가진 거북복은 이름에 걸맞게 네모난 상자 모양이다. 이 형태는 수영의 효율성보다 안정성에 초점을 맞추고 있다. 거북복은 암초 주변에 서식하는데, 이 근처에는 물살이 불규칙적으로 흐르는 난류가 자주 발생하기 때문이다.

다른 물고기들과 차별화된 형태와 영법을 가진 거북복의 비밀을 밝히기 위해 생물학자와 항공공학자, 생체공학자가 힘을 모았다. 이들은 대서양의 푸에르토리코에서 잡은 17cm 길이의 거북복을 배에서 바로 급랭하고 영하 70℃에 보관하여 형태를 유지하였다. 다음으로 방사선과에서 컴퓨터 단층 촬영computed tomography 기법을 통해 3차원 모델링을 하고 플라스틱의 일종인 에폭시epoxy로 거북복 모형을 만들었다. 그리고 수동water tunnel 에서 거북복 모형에 물을 흘려가며 압력과 힘을 측정한 결과 거북복 주위에서 발생하는 소용돌이가 거북복이 흔들리지 않게 하는 비결임을 밝혔다. 예를 들어 바닷물의 흐름이 복어를 오른쪽으로 기울이면 그 쪽에 소용돌이가 형성되어 다시 평형을 유지하도록 돕는다. 다시 말해 거북복이 어느 한쪽으로 기울면 역회전 흐름이 발생하여 스스로 균형을 잡는다는 뜻이다. 이는 콩코드 여객기나 우주 왕복선과 같은 삼각 날개delta wing 항공기에도

거북복의 모양에서 아이디어를 얻어 설계한 '바이오닉'

적용되는 원리이며 선박의 안정성에 관한 연구에도 활용된다.[3]

하지만 2016년에 거북복의 안정성 이론을 반박하는 연구 결과가 발표되었다. 복잡한 산호초 지대에서 사는 거북복이 눈 깜짝할 사이에 방향을 180° 바꾸는 등 기동성을 가진 모습은 안정성 이론에 상반되기 때문이다. 벨기에의 생물학자들은 수조에 거북복 모형을 넣고 항력을 측정하였으며, 컴퓨터 시뮬레이션으로 거북복의 영법을 분석하였다. 그 결과 항력 감소에는 별 영향이 없었고 불안정한 상태가 지속되는 것으로 미루어 볼 때 안정성 이론은 타당치 않다고 주장하였다. 거북복의 오묘한 체형과 영법은 과학자들 사이에서도 여전히 논란이 되고 있다.[4]

한편 독일의 자동차 회사 메르세데스 벤츠는 거북복을 모방하여 연비가 리터당 20km가 넘는 혁신적인 자동차 바이오닉 Bionic 을 출시하였다. 거북복의 사각 모서리에서 발생하는 소용돌이가 물의 저항을 줄여 거북복이 초당 몸길이의 6배까지 빠르게 헤엄칠 수 있다는 데에서 착안하였다. 일반 자동차의 항력 계수가 0.25인데 반해 바이오닉의 항력 계수는 0.19로 상당히 낮아 공기 저항을 20% 정도 덜 받는 것으로 알려져 있다. 하지만 자동차를 설계할 때 공기 저항만 고려할 수는 없고 안전성과 디자인 등 감안해야 할 설계 요소들이 많아 이 자동차는 아직 정식 출시되지 않은 콘셉트 카concept car다. 육지에서 바람을 가르고 달리는 자동차의 아이디어를 물속의 물고기에서 가져왔다는 점은 물과 공기가 근본적으로 유체라는 공통점이 있고 기본적인 유체역학 원리가 동일하다는 점을 시사한다.

남다르게 헤엄치기

바닷속을 헤엄치는 생물에 물고기만 있는 것은 아니다. 물고기들이 대개 몸을 좌우 또는 상하로 흔들거리며 헤엄치는 것과 달리 작용 반작용 법칙에 의해 추진력을 얻는 특이한 형태의 해양 생명체도 있다.

대다수의 조개는 어류와 달리 지느러미나 꼬리 같은 부위가

가리비는 조개류 중 유일하게 물속을 빠르게 헤엄칠 수 있다.

없어 움직임에 제한이 있다. 따라서 적으로부터 몸을 숨기기 위해 대부분 뻘이나 모래에 박혀 있거나 이동할 때는 그저 파도에 휩쓸려 다니는 경우가 많다. 하지만 가리비는 놀랍게도 무척 빠른 속도로 바다를 헤엄쳐 다닌다. 일반적으로 조개는 두 장의 껍데기로 몸을 덮고 있어 이매패류Bivalvia 라 부르는데, 가리비의 껍데기shell 는 마치 날개처럼 펄럭인다.

　가리비는 껍데기를 벌린 상태에서 물을 한껏 머금은 후 빠르게 닫는다. 동시에 물을 힘차게 내뿜으면 작용 반작용 법칙에 의해 물의 반대 방향으로 자연스레 이동한다. 비행에 가까운 수영을 하는 가리비의 받음각angle of attack 은 수평에서 40° 사이다. 이

때 물을 내뿜는 속력과 각도를 조절하여 원하는 방향으로 움직이며 평균 이동 속도는 초당 50cm 수준이다.

가리비가 이처럼 껍데기를 빠르게 여닫을 수 있는 이유는 패각을 움직이는 근육인 패주가 다른 조개류에 비해 크고 발달되어 있기 때문이다. 흔히 관자라 부르는 패주가 가지고 있는 쫀득한 식감은 단단한 근육에서 기인한다.

한편 유체역학자들은 가리비가 물속에서 날 듯 빠르게 이동할 수 있는 이유로 강한 물살을 내뿜어 얻는 추진력 외에 표면 항력의 감소 효과도 연구 중이다. 가리비 껍데기의 방사형 골이 골프공의 딤플처럼 난류를 일으켜 유체의 저항을 줄인다는 주장이다. 이는 결과적으로 항력 대비 양력의 비율을 의미하는 양항비lift-to-drag ratio를 증가시켜 이동을 수월하게 만든다.[5] (2장 '바람에 맞선 사구아로 선인장' 참고)

가리비만큼 빠르지는 않지만 물속을 유유자적 떠다니는 해파리jellyfish 역시 작용 반작용을 이용하여 서서히 이동한다. 해파리 몸체는 우산과 비슷한 반구형이며, 매우 얇은 탄성 조직으로 이루어져 있다. 우산 아래의 텅 빈 공간은 외부 유체에 노출되어 있는데, 해파리는 몸체의 근육을 순간적으로 수축시키며 몸 속의 물을 밖으로 배출한다. 동시에 몸의 부피가 줄어들고 앞으로 전진한다.

좀 더 구체적으로 살펴보면 다음과 같다. 해파리가 물을 흡입

해파리의 영법은 다른 물고기들과 비교하여 에너지를 가장 효율적으로 사용한다.

할 때 가장자리에 바깥쪽에서 안쪽으로 회전하는 소용돌이가 형성된다. 그리고 해파리가 수축하기 직전 가장자리를 순간적으로 바깥쪽으로 내뻗으면 반대 방향으로 역회전 하는 소용돌이가 생긴다. 이때 방향이 반대인 두 소용돌이 사이의 경계면에서 압력 차이가 발생하는데, 이는 해파리의 추진력이 된다. 또한 해파리는 부드러운 조직으로 이루어져 있기 때문에 수축된 해파리가 다시 이완되는 데에는 에너지가 거의 소모되지 않는다. 이처럼 매우 유연한 해파리의 신체 구조는 효율적인 수영의 핵심 요소다. 다른 해양 생물과 비교했을 때 방사형의 단순한 구조와 높은 에너지 효율은 수중 이송 장치를 개발하는 과학자들에게 무척 매력적이다.[6]

물고기들이 모양에 따른 특징이 있고 영법이 서로 다르듯 해파리 역시 세부 형태에 따라 각기 다른 장단점이 있다. 길쭉한 모양의 총알형 해파리는 상대적으로 빠르게 움직이는 대신 에너지 소모가 많다. 반면 납작한 접시형 해파리는 느리지만 에너지 소모 역시 적다.

이는 해파리의 먹잇감 섭식과 밀접한 관련이 있다. 총알형 해파리는 작은 물고기를 잡아먹고 살기 때문에 재빠른 움직임이 필요하고 또한 그만큼 가지고 있는 에너지도 많다. 이런 빠른 헤엄은 소용돌이 가득한 후류^{wake}를 남긴다. 즉 복잡하고 어지러운 형태의 흐름을 형성하는데, 이는 에너지 손실로 이어진다. 하지만 접시형 해파리는 거의 움직이지 않는 낮은 칼로리의 플랑크톤을 먹기 때문에 빠르게 움직일 필요도, 그럴 만한 에너지도 없다. 그리고 상대적으로 깔끔하고 매끈한 후류를 형성한다. 그만큼 물에 가해지는 운동량이 적다는 뜻이므로 에너지 측면에서 더 효율적이다.[7]

한편 영화 〈옥자〉의 모티브인 매너티^{manatee}는 부력을 이용하여 이동한다. 매너티는 바다소^{sea cow}의 한 종류로 몸길이는 약 3~5m이며, 체형은 뚱뚱한 편으로 몸무게가 400~500kg에 달한다. 덩치만큼이나 식욕도 왕성하여 하루에 수초를 수십 킬로그램씩 먹어치운다. 하지만 성격은 유순하고 겁이 많아 천천히 헤엄치며 유영하는데 속도는 시속 6km로 느린 편이다.

매너티는 하루의 절반 가까이 잠을 자고, 나머지 시간은 대부분 얕은 물에서 풀을 뜯으며 보낸다. 그리고 공기를 마시기 위해 수십 분 간격으로 수면 위로 떠오른다. 이때 매너티는 독특하게도 몸안의 메탄가스 양으로 부력을 조절한다. 수면으로 뜨려 할 때는 체내에 메탄가스를 최대한 많이 가지고 있다. 그리하여 부력이 점점 커진 매너티는 수면에 도달한다. 반대로 아래로 내려가고 싶으면 방귀를 내뿜어 메탄가스를 방출시키고, 이로써 밀도가 높아진 매너티는 천천히 아래로 가라앉는다.[8]

물속 깊은 곳과 얕은 곳을 오가는 잠수함의 원리도 매너티와 비슷하다. 우선 선체의 양끝에 있는 탱크에 바닷물을 적당히 채워서 중량을 맞춘다. 그리고 압축 공기를 빼내거나 불어 넣으면서 부력을 조절하여 자유롭게 잠수 또는 부상한다. 잠수함이 바닷속 깊이 들어가야 하는 경우 탱크에 바닷물을 채워 무게를 늘리면 부력보다 중력이 더 커져 잠수함은 가라앉는다. 반대로 잠수함이 물속에 잠겨 있다가 떠올라야 할 경우에는 탱크에 압축 공기를 불어 넣어 탱크 안의 바닷물을 밖으로 배출시킨다. 잠수함의 무게가 줄어들어 부력이 중력보다 커지면 잠수함은 위로 떠오른다.

이처럼 부력이 중력보다 커서 물체가 떠오르는 상태를 양성부력positive buoyancy, 반대로 중력이 부력보다 커서 물체가 가라앉는 상태를 음성 부력negative buoyancy 이라 한다. 그리고 중력과 부력이 같아 평형을 유지하는 상태를 중성 부력neutral buoyancy 이라 한다. 참고로 스킨스쿠버도 물속에서 부력 조절기를 이용하여 잠수함과 동일한 원리로 상승 또는 하강, 정지한다.

상어와 전신 수영복

인간이 물고기를 흉내내 시작한 수영의 기원은 명확하지 않지만 고대부터 수렵 활동의 일종이었을 것으로 추측된다. 19세기 초 런던에서 처음 수영 단체가 설립된 이후 1846년 호주에서 세계 최초의 수영 대회가 개최되고 1896년 초대 아테네 올림픽의 정식 종목으로 채택되는 등 수영은 본격적인 스포츠 종목으로 자리잡았다. 각 대회마다 종목으로 선정된 영법은 조금씩 달랐지만 정해진 동작으로 빠르게 헤엄쳐 순위를 정한다는 기본 규정은 약 200년간 별다른 변화가 없었다.

하지만 2000년 호주 시드니 올림픽에서 수영 종목의 패러다임이 바뀌는 사건이 발생하였다. 당시로서는 무척 파격적인 전신 수영복이 등장한 것이다. 몇몇 선수들은 기존 수영복과 달리 온몸을 뒤덮은 수영복을 입고 경기에 출전하였다. 이는 단순히 옷감이 늘어난 것만을 의미하지는 않는다. 수영복 재질이 매끄러운 소재에서 거친 소재로 바뀌며 물에 대한 저항이 획기적으로 줄어든 것이다. 아디다스, 나이키, 티어 등의 스포츠 의류 회사들은 전신 수영복을 착용하면 3% 이상의 경기력 향상 효과가 있다고 홍보에 열을 올렸다. 이에 선수들은 앞다투어 전신 수영복을 입기 시작했고 결국 이 선수들이 수영 종목 33개의 금메달 중 무려 28개를 획득하였다.

전신 수영복이 기록 단축에 이렇게 큰 효과를 발휘할 수 있었던 이유는 무엇일까? 수영 용품 회사인 스피도speedo의 패스트스킨Fastskin은 상어로부터 아이디어를 얻었다. 상어는 물속을 시속 50km라는 매우 빠른 속력으로 헤엄친다. 물속에서 빠르게 헤엄치기 위해서는 기본적으로 추진력이 강해야 한다. 하지만 그것만으로는 한계가 있다. 속력이 빨라질수록 유동 저항 역시 커지기 때문이다. 따라서 저항력을 최소로 줄여야 하는데, 크게 두 가지 해결 방식이 있다.

첫째는 물체의 모양을 앞쪽은 둥글고 뒤로 갈수록 뾰족한 유선형streamlined shape으로 만드는 것이다. 과학자들이 날렵한 물고기의 모양을 본떠 잠수함을 설계하는 이유다. 둘째는 모양이 아닌 표면의 구조를 바꾸는 것이다. 구체적인 예로 상어 껍질의 미세 돌기인 리블렛riblet을 모사한 전신 수영복은 깊이 0.1mm, 폭 0.5mm의 홈을 1mm 간격으로 가지고 있다. 기존 수영복의 매끈한 표면과 달리 패스트스킨의 거친 표면은 소용돌이를 발생시켜 물의 저항을 줄인다.

이 기술 개발에는 수영과 전혀 상관이 없을 것 같은 항공공학자도 참여하였다. 미국 항공우주국NASA의 스티븐 윌킨슨Stephen

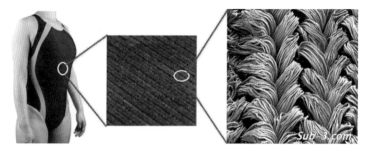

상어 피부의 돌기를 흉내낸 전신 수영복은 물의 저항을 획기적으로 감소시켰다.

Wilkinson 은 평소 로켓 추진에 대해 연구하였는데, 로켓 표면 주변의 바람과 수영복 주변의 물살에 유체 흐름과 저항이라는 공통점이 있음에 주목하였다. 그리고 실험을 통해 물의 저항을 최소로 하는 수영복의 재질과 솔기 형태를 찾았다. 로켓과 수영복 표면에 작용하는 유체역학 원리가 근본적으로 유사하기 때문에 가능한 연구 성과였다.

월킨슨의 실험 결과 수영복 재질을 테플론 대신 폴리우레탄 polyurethane 으로 하면 항력이 더욱 감소하는 것으로 나타났다. 소수성이 강한 재질은 물을 튕겨낼 뿐만 아니라 부력을 더해주었고 몸 전체를 압박하는 디자인은 선수의 움직임을 역동적으로 바꿔 항력을 줄였다. 또한 이음새인 솔기는 초음파 접합 sonic welding 으로 각 부위를 마치 금속 조각처럼 연결하는 방법이 효과적이었다. 이러한 여러 효과들이 복합적으로 나타나 기존 수영복보다 항력이 24% 감소하고 수영의 효율성은 5% 증가한 것으로 나타났다.

전신 수영복은 스포츠에서 과학의 발전이 경기력 향상에 얼마나 기여할 수 있는지 보여준 단적인 예다. 하지만 이를 계기로 어느 순간부터 수영 대회는 선수들의 실력 경쟁이 아닌 수영복 대결의 장이 되었고, 대회마다 신기록이 무더기로 양산됐다. 결국 국제수영연맹은 이를 기술 도핑technology doping으로 지정하고 2010년부터 전신 수영복의 착용을 전면 금지했다. 약물 이외의 이유로 도핑을 결정한 것은 극히 이례적인 사건이었다. 화려했던 10년 간의 과학 기술에 의한 기록 단축이 역사 속으로 씁쓸히 사라진 것이다. 참고로 또 다른 기술 도핑의 사례로 탄성이 강한 탄소 섬유판을 바닥에 넣은 나이키의 마라톤화는 여전히 논란이 되고 있다.[9]

물 또는 공기 저항과의 싸움은 스포츠에만 국한되지 않는다. 빠르게 움직이는 교통 수단에서도 저항을 최소화하는 것은 무척 중요한 과제다. 물과 공기 저항을 줄여 자동차와 비행기, 선박의 연비를 1%만이라도 감소시킨다면 천문학적 비용을 절감할 수 있기 때문에 지금도 유체 저항과의 싸움은 계속되고 있다.

물 위에 사는 동물들

지금까지 살펴본 동물들은 모두 기본적으로 물속에서 생활한다. 수중 동물은 중력과 부력에 구애 받지 않고 비교적 자유롭게 수심이 깊은 곳과 얕은 곳을 오간다. 하지만 대부분 아가미로 호흡하기 때문에 물 밖에서의 생활은 거의 불가능하다.

반면 답답한 물속이 아닌 물 위에서 마음껏 공기를 만끽하는 동물도 있는데, 소금쟁이가 대표적인 예다. '연못의 스케이터'라는 별명을 가진 소금쟁이가 물 위를 미끄러지듯 유유히 떠다닐 수 있는 데에는 여러 복합적인 이유가 있다.

우선 소금쟁이는 날렵한 몸매와 길고 가는 다리를 지니고 있어 몸무게가 가볍다. 하지만 단순히 체중이 적다고 물에 떠 있을 수 있는 것은 아니다. 소금쟁이는 여섯 개의 다리를 최대한 넓게 펴서 어느 한쪽으로 힘이 쏠리지 않게 무게 중심의 완벽한 균형을 이룬다. 우리도 몸을 움츠리면 물에 금방 가라앉지만 온몸을 펴고 가만히 있으면 물에 떠 있을 수 있는 것과 같다.

또한 물 위에 안정적으로 떠 있기 위해서는 중력만큼의 힘이 반대 방향으로 작용해야 한다. 그 힘의 비밀은 바로 소금쟁이 발 끝에 있다. 소금쟁이의 발에는 그 어느 동물보다 단위 면적당 털이 많이 나 있다. 이 문장의 바로 앞에 찍은 마침표 정도의 면적에 수천 개의 털이 있는데, 이는 사람 머리카락보다 몇 만 배 빼곡한 수준이다. 그리고 이 빽빽한 털들은 물의 침투를 막아 준다.

이러한 구조적 비결 외에 또 다른 이유도 있다. 현미경으로 소금쟁이 발 끝의 털을 살펴보면 기름에 젖은 상태를 확인할 수 있는데, 털의 기름이 물을 흡수하지 않고 밀어내어 표면장력을

바실리스크 도마뱀은 물에 빠지지 않고 물 위를 뛰어다닌다.

극대화시킨다. 눈에 보이지도 않을 정도로 적은 양의 기름이 소금쟁이의 우아한 수상 생활을 보장해 주는 셈이다. 만일 우리가 세제로 소금쟁이의 발을 깨끗이 닦아 준다면 소금쟁이는 바로 익사할지도 모른다.

한편 소금쟁이보다 훨씬 무겁지만 쏜살같이 물 위를 뛰어다녀 예수라는 별명이 붙은 파충류가 있다. 중남미의 강과 하천에 서식하는 바실리스크 도마뱀basilisk lizard이다. 이 도마뱀은 물 위에 떠서 살지는 못하지만 짧은 구간에 한해 물 위를 뛰어다닐 수 있다. 그 이유는 소금쟁이에게도 없는 놀라운 발걸음 기술이 있기 때문이다. 바실리스크 도마뱀의 강력한 발길질은 수면을 아래로 밀어버리고 그 공간은 순간적으로 텅 빈다. 결국 물 없이 공기만 남은 커다란 공기 방울이 만들어지는데, 이 방울은 충격을 흡수하는 쿠션 역할을 한다.

1m가 채 안 되는 키에 커다란 꼬리를 가지고 있는 이 도마뱀은 앞발을 든 상태에서 뒷발이 물에 가라앉기 전에 다음 발을 내디디며, 1초에 무려 20 걸음이자 수 미터를 뛰어다닌다. 세계적인 육상 선수들이 100m를 41 또는 42 걸음에 뛰므로 만일 육상 선수가 바실리스크 도마뱀처럼 뛸 수 있다면 100m 달리기 기록은 2초대일 것이다. 참고로 미국 하버드대학교 연구진이 1996년 〈네이처〉에 발표한 논문에 따르면 80kg 체중의 사람이 물에 빠지지 않고 물 위를 달리기 위해서는 초당 30m, 즉 시속 110km로 달려야 한다.[10]

이 같은 수면 보행이 가능한 이유에는 무시무시한 속도 외에 한 가지 비밀이 더 있다. 바로 소금쟁이와 마찬가지인 표면장력이다. 물 분자끼리 서로 뭉치려는 힘으로 인해 발생하는 표면장력은 수면 위 물체에 반발력을 제공한다. 따라서 몸통에 비해 긴 발가락과 수면 사이의 커다란 표면장력은 바실리스크 도마뱀이 물 위를 자유롭게 달릴 수 있는 원동력이다. 만일 물보다 표면장력이 작은 기름이나 알코올 위라면 반발력 역시 작기 때문에 이 도마뱀도 달리기가 만만치 않을 것이다.

무엇이든 발전하기 위해서는 익숙함보다 낯섦과 새로움이 필요하다. 인간은 물속과 물 위에서 살아가는 동물들과 전혀 다른 환경에서 살고 있기 때문에 미처 깨닫지 못한 자연의 법칙을 거북복, 해파리, 상어, 소금쟁이 등으로부터 배울 수 있다.

9.
바람을 타고 더 멀리

새처럼 자유롭게 나는 사람이 되고 싶다.

-라이트 형제-

인류는 오래 전부터 하늘을 자유롭게 나는 새를 부러워하였다. 새 깃털과 밀랍으로 날개를 만들어 하늘 높이 날다가 태양 열에 밀랍이 녹아 바다로 추락한 그리스 신화의 이카루스는 하늘에 대한 인간의 동경과 열망을 잘 나타내 준다. 인간도 새처럼 하늘을 훨훨 날 수 있다면 얼마나 좋을까? 하지만 날개가 없는 인간은 대신 명석한 두뇌로 날개를 대체할 기구를 찾기 시작하였다.

1782년 프랑스의 조셉 몽골피에 Joseph Montgolfier, 자크 몽골피에 Jacques Montgolfier 형제는 구피 envelope 라 부르는 커다란 주머니에 뜨거운 공기를 채워 부력으로 떠오르는 열기구를 발명하였다. 이듬해 베르사유 궁전에서 루이 16세가 지켜보는 가운데 오리, 닭, 양을 태운 열기구는 8분간 약 3km를 날았고 안전하게 착

류하였다. 그리고 다시 1년이 지나 동생 자크 몽골피에는 직접 열기구에 탑승하여 하늘로 떠오른 최초의 인간이 되었다. 비행이라 부르기에는 다소 부족하지만 잠시나마 하늘을 경험하는 비상에 성공한 것이다.

한편 비행기의 아버지라 불리는 영국의 항공공학자 조지 케일리George Cayley는 당시 실험 위주로 연구되던 비행기 개발에 이론적 날개를 달아 주었다. 케일리는 공기보다 무거운 비행체와 관련된 4가지 힘인 중력, 양력, 항력 그리고 추력에 대한 개념을 정립하였으며, 각각의 요소가 어떻게 작용하는 지에 대해 연구하였다. 그뿐만 아니라 항공기 동체에 고정된 날개인 고정익fixed wing의 개념을 적용하여 1857년 글라이더로 계곡을 횡단하였다.

그리고 역사상 가장 유명한 형제인 오빌 라이트Orville Wright와 윌버 라이트Wilbur Wright는 1903년 12월 17일 마침내 인류 최초의 동력 비행기 플라이어Flyer 1호를 조종하여 지속적인 비행에 성공하였다. 첫 비행은 12초 동안 36m를 나는 데 그쳤지만 두 번째 비행에서는 59초 동안 244m를 날았다. 비행 기록은 점차 늘어나 1905년에는 38분간 무려 40km를 날았고, 그 소문은 널리 퍼져 1908년부터는 유럽 각지를 순회하며 비행하는 묘기를 선보였다.

인류 역사상 가장 끔찍한 비극인 제1, 2차 세계대전은 아이러니하게도 거의 모든 과학 기술 분야의 성장을 이끌었다. 전쟁과 직접 관련된 생화학, 핵물리학, 암호학은 물론 심지어 전투 식량으로 활용된 통조림 덕분에 식품과학 역시 발전하였다. 그뿐만 아니라 치열했던 공중전은 현대식 항공기의 개발을 급속도로 가속화시켰다.

1914년 시작된 제1차 세계대전은 항공공학이 태동하던 시기라 비행기가 정찰 및 지상군 지원 등 제한적으로 활용되었지만 항공력의 중요성을 인식하는 계기가 되었다. 각국은 필요에 따라 전투기와 미사일 등의 개발에 박차를 가하였다. 그리고 1939년 발발한 제2차 세계대전은 그 사이에 엄청나게 발전한 항공기술을 자랑하듯 적재량과 항속 거리가 증가된 항공기가 맹활약하였다.

전쟁 이후에는 군사적 목적뿐 아니라 민간의 수요에 발맞추어 수많은 여객기 airliner 가 탄생하였다. 특히 기관 내부에서 연소시킨 고온, 고압의 가스를 분출시켜 그 반동을 추진력으로 사용하는 제트 여객기는 높은 효율성과 안정성 덕분에 여전히 널리 이용된다. 그중 미국의 항공기 제조사 보잉이 1968년 개발한 보잉 737은 현재까지 세계에서 가장 많이 생산된 제트 여객기로 무려 10,000대 넘게 판매되었다. 그리고 50여 년 역사의 보잉 737은 여전히 수백 명의 승객을 태우고 시속 1,000km가 넘는 속도로 하늘을 누비고 있다.

콩코드는 최신 비행기보다 두 배 빠른 속도로 운행할 수 있지만 현재는 사라졌다.

이제 인류는 새는 물론이고 소리보다 빠른 비행도 가능해졌다. 소리는 1시간에 1,224km를 이동하며, 이를 마하^{Mach, M} 라 한다. 즉 마하 1은 시속 1,224km다. 소리보다 빠른, 마하 1 이상의 속력은 초음속이라 하는데, 1976년에 초음속 여객기 콩코드^{Concorde}가 취항하였다. 당시 마하 2로 비행하던 콩코드를 타면 영국 런던에서 미국 뉴욕까지 3시간 반 만에 도착했다. 하지만 현재는 최소 7시간이 소요되어 이동 시간이 오히려 두 배나 늘어났는데, 그 이유는 엄청난 속도를 자랑했던 콩코드가 2003년 역사 속으로 사라졌기 때문이다.

비행기가 초음속으로 날기 위해서는 몸체가 날렵해야 한다.

따라서 승객을 100명 정도만 태울 수 있다. 반면 연료 소모량은 상상하기 어려울 정도로 어마어마하다. 운동 에너지는 속도의 제곱에 비례하므로 속도가 2배가 되면 운동 에너지는 4배로 증가하기 때문이다. 이로 인해 콩코드 탑승 요금은 일반 비행기의 15배에 달하였음에도 불구하고 수지타산을 맞추기가 어려웠다. 또한 빠른 속도만큼이나 굉음, 일명 음속 폭음sonic boom 도 너무 커서 정서적으로 불편한 점도 있었다. 콩코드는 이러한 문제점에도 불구하고 수십 년간 운행을 지속하였는데, 이는 초기 투자비용이 막대하여 중간에 손실이 계속 발생해도 사업을 중단하지 못했기 때문이다. 참고로 이처럼 매몰 비용sunk cost 으로 인한 잘못된 판단을 콩코드 오류Concorde fallacy 라 한다.

현재 인간이 하늘을 가장 빠르게 비행한 최고 기록은 마하 6.7이다. 이는 서울에서 부산까지 3분 만에 주파할 수 있는 속도다. 마하 5 이상을 초음속과 구분하여 극초음속hypersonic 이라 하는데, 이때 강한 충격파가 발생하고 그와 동시에 고온, 고압으로 압축된 공기의 물리적 성질이 달라진다. 마하 6.7은 실험용 항공기 X-15로 달성한 기록으로 콩코드와 X-15의 한계점을 극복할 초음속 비행체에 대한 인류의 도전은 계속되고 있다.

인간은 이제 새와 비교할 수 없을 정도로 하늘을 빠르게 이동할 수 있지만 새의 비행법에서 여전히 배울 점이 많다. 새보다 빠르기는 하지만 더 효율적으로 나는 비행체를 아직 개발하지 못했기 때문이다. 특히 빠른 방향 전환과 제자리 비행까지 가능한 파리와 잠자리 등 작은 곤충의 비행술은 경이롭다. 점점 더 작아지는 최첨단 초소형 비행체를 개발하는 과학자들은 자연의 비행체에 깊은 관심을 기울이고 있다.

자그마한 날갯짓

초창기의 비행기는 대부분 사람을 태우는 목적이었기 때문에 여객기는 점점 크게 제작되었다. 처음에는 한두 명만 탈 수 있는 비행기에서 시작하여 점차 수십 명, 수백 명까지 늘어났고 프랑스의 항공기 회사 에어버스^{Airbus}가 생산한 A380은 세계 최대 여객기로 무려 800명까지 탑승이 가능하다.

하지만 여객과 화물 수송의 목적이 아니라면 비행기는 굳이 크게 만들 이유가 없다. 오히려 작을수록 재료비가 적게 들고 연료를 아껴 효율적인 운행이 가능하다. 군사용으로 처음 개발된 드론 역시 점차 작게 제작하는 추세다. 스마트폰과 비슷한 크기와 무게의 최신 드론은 항공 촬영, 인명 구조, 농약 살포, 화재 진압에 활발히 쓰이며 심지어 아마존에서 택배에 활용하는 등 그 가치가 무궁무진하다.

드론 같은 초소형 비행체를 설계하고 제작하는 기술은 일반 비행체보다 훨씬 어렵다. 날기 위해서는 중력을 이기고 몸을 위로 띄우는 힘인 양력이 필요한데, 이 힘은 면적에 비례하기 때문이다. 물리적 한계에 부딪힌 과학자들은 자연에서 그 답을 찾고 있다.

세상에서 가장 작은 새로 알려진 벌새hummingbird의 몸통 길이는 5~7cm에 불과하며 몸통만큼이나 날개 크기도 작다. 커다란 새는 한 번의 날갯짓만으로 상공을 유유히 날 수 있지만 작은 새의 날개는 충분한 양력을 받기 어려우므로 재빠른 날갯짓을 한다. 벌새는 평상시 1초에 약 100번의 날갯짓을 하는데, 암컷에게 구애할 때에는 최대 200번까지 늘어난다. 엄청난 속도의 날갯짓으로 공기를 가르면 순간적인 압력 변화로 윙윙 소리가 나는데, 그래서 humming(윙윙거리는)이라는 이름이 붙었다.

이처럼 벌새는 매우 작음에도 불구하고 날갯짓이 워낙 빨라서 상당한 속도로 비행할 수 있다. 미국 캘리포니아대학교 버클리캠퍼스의 동물학자 크리스토퍼 클락Christopher Clark에 따르면 벌새의 최고 속도는 시속 100km에 달한다. 이는 1초에 자기 신장의 400배 이상의 거리를 이동하는 것으로 신장 대비 속도가 지구상의 모든 동물 중 가장 빠르다. 만일 치타가 벌새와 같은 비율의 속도로 이동하려면 비행기보다 빠른 시속 1,600km로 달려야 한다.[1] (3장 '하등과 고등 사이' 참고)

또한 벌새는 다른 새들과 달리 전진과 후진, 수직 상승 및 하강은 물론 정지 비행hovering이 가능하고 갑자기 방향을 바꾸는 전환도 비교적 자유롭다. 항공공학자들의 오랜 꿈은 이처럼 재빠른 벌새의 기동력에 버금갈 만한 비행체를 설계하는 것이다.

캐나다 브리티시컬럼비아대학교와 독일 프라이브루크대학교 공동 연구진은 25종의 벌새 총 207마리의 비행을 촬영하고 방향 전환 및 회전 등 비행과 관련된 모든 동작을 종합적으로 분석했다. 또한 개체에 따른 근육의 크기나 신경 구조 같은 신체적 특징과 연계된 비행 능력도 상세히 연구하였다. 그 결과 연구진은 벌새가 순간적인 가속도를 낼 수 있는 것은 근육량과 가장 깊은 관련이 있으며, 빠른 회전과 방향 전환 능력은 날개의 형태 덕분이라고 설명하였다. 이러한 비행 특성을 가진 벌새는 생체 모방 로봇의 단골 모델이 되었다.[2]

벌새 못지 않게 독특한 비행법을 가진 곤충으로 모기가 있다. 모기는 놀랍게도 세상에서 인간을 가장 많이 죽이는 동물이다. 전 세계적으로 살인 사건은 연간 40만 건이 일어나는 반면 모기가 전파하는 말라리아나 뎅기열 같은 전염병에 의해 사망하는 사람은 연간 100만 명 수준이다.

이처럼 알고 보면 예상 외로 무시무시한 모기의 비행술 역시 예사롭지 않다. 모기는 길고 가느다란 날개를 1초에 무려 800번이나 빠르게 펄럭인다. 이는 비슷한 크기의 곤충에 비해 4배 정도 많은 횟수다.

대부분의 새와 곤충은 날개를 내리치는 동작에서 앞부분에

모기는 빗방울을 맞으면 순간적으로 휘청거리지만 금방 균형을 바로잡는다. (Andrew K. Dickerson et al., 2012)

앞전 와류leading-edge vortex가 형성되며 이는 날개 위의 압력을 떨어뜨려 양력을 만들어 낸다. 이 과정에서 날개 주변의 와류는 금방 사라지는데, 모기는 이 와류를 활용하여 양력을 추가로 얻는다. 모기가 날개를 내려칠 때 순간적으로 만들어진 와류에 날개를 다시 재빨리 올려 놓아 주변으로 사라질 에너지를 재활용하는 것이다. 그뿐만 아니라 모기는 날개를 위로 올릴 때 뒷부분에 발생하는 뒷전 와류trailing-edge vortex도 이용하기 위해 날개를 회전시킨다. 일반적인 새 또는 곤충과 비교해 모기의 길쭉한 날개는 이러한 양력 효과를 더욱 극대화시킨다.[3]

모기의 놀라운 비행 능력은 비가 올 때도 발휘된다. 하늘에서 떨어지는 빗방울은 사람에게 간지러운 수준이지만 모기에게는 매우 위협적이다. 빗방울의 무게가 모기의 50배에 달하기 때문이다. 이는 60kg의 사람에게 3톤의 물 폭탄이 하늘에서 마구 떨어지는 것과 같다. 하지만 물방울을 맞은 모기는 잠시 균형을 잃을 뿐 곧바로 자세를 회복할뿐더러 치명상을 입지도 않는다. 모기는 매우 가볍지만 그에 비해 강한 외골격을 가지고 있기 때문이다. 이는 질량에 비례하는 관성과 연관이 있다. 사람은 롯데월드타워 꼭대기에서 떨어지면 즉사하지만 개미는 별 다른 부상을 입지 않는 것과 유사한 원리다. 때로는 작은 생물체가 더 강한 생존 능력을 가지고 있기도 하다.[4]

커다란 새는 천천히

벌새나 모기처럼 날개가 작으면 한 번의 날갯짓으로 얻을 수 있는 양력도 작기 때문에 체공을 위해 끊임없는 날갯짓이 필요하다. 반면 날개가 클수록 양력 역시 크기 때문에 커다란 새는 몇 번의 날갯짓만으로 먼 거리를 날 수 있다. 특히 날개 길이가 3~4m에 달하는 알바트로스Albatross는 날갯짓 한 번으로 수십에서 수백 미터를 미끄러지듯 나는데 이를 활공soaring이라 하며 이때 전진하는 거리와 낙하하는 거리의 비를 활공비glide ratio라 한다. 알바트로스의 활공비는 약 15이며, 이는 1km 상공에서 날개를 움직이지 않고 15km를 활공한다는 의미다.

또한 알바트로스는 상승 기류의 양력이 약해지면 일시적으로 비행 고도를 낮추는데 이때 위치 에너지가 감소한 만큼 운동 에너지가 증가한다. 즉 속력이 빨라지기 때문에 바로 인근의 다른 상승 기류를 찾아 날아오를 수 있다. 이처럼 상승 기류를 적절히 활용하여 에너지를 거의 사용하지 않고 나는 방식을 동적 활공 dynamic soaring 이라 한다. 나그네 알바트로스 Wandering Albatross 는 이런 효율적인 비행술 덕분에 수년씩 바다에서 생활하다가 번식을 위해서 가끔 땅에 내려오기도 한다.

알바트로스가 적은 에너지로 멀리 비행할 수 있는 또 다른 이유는 날개의 색상에 있다. 알바트로스의 날개 윗면의 가장자리는 검은색, 아랫면은 흰색이다. 이로 인해 햇빛 흡수율에 차이가 발생하고 결국 날개 주변의 공기 온도도 약 10℃ 정도 차이가 난다. 이 온도 차이는 공기 밀도를 변화시키고 결과적으로 양력을 발생시켜 알바트로스의 비행을 돕는다. 미국 뉴멕시코주립대학교에서 발표한 연구 결과에 따르면 이러한 색상 차이는 일사량이 많은 여름철에 최대 7.8%의 항력을 감소시킨다. 이 효과는 새의 날개가 커야 나타나므로 황새, 두루미, 갈매기 등에서 관찰할 수 있다. 작은 새와 곤충들이 비행을 위해 빠른 날갯짓을 활용하는 데에 반해 커다란 새들은 활공이라는 비행술과 날개 색상으로부터 양력을 얻어 비교적 수월하게 비행한다.[5]

그리고 날 수 있는 또 다른 것들

하늘을 날 수 있는 것은 새뿐만이 아니다. 곤충과 파충류, 심지어 날 수 있는 어류도 있다. 그중 땅 위만 기어다니는 줄 알았던 뱀이 하늘을 나는 모습은 무척 놀랍다. 실제로 매달려 있던 나무에서 또 다른 나무로 날아다니는 뱀이 있다. 동남아시아의 열대 우림에 사는 크리소펠리아Chrysopelea는 하늘을 날 수 있는 날뱀flying snake이다. 이 뱀은 활공비는 알바트로스의 15에 한참 미치지 못하는 2 정도다. 하지만 달리 말하면 뱀이 10m 높이의 나무에 올라가 수초 만에 20m를 날 수 있다는 이야기다. 이는 날다람쥐나 날개구리와 비교해도 더 뛰어난 수치다.

뱀은 날개도 없는데 도대체 어떻게 날 수 있는 걸까? 길쭉한 뱀은 하늘을 날기 위해 필요한 양력을 받기에 적합하지 않은 모양이다. 다시 말해 체형의 변화가 필요하다.

미국 버지니아공대 기계공학과 연구진은 날뱀의 비행 모습을 촬영하고 몸의 형태 변화와 주변 공기 흐름을 유체역학적으로 분석하였다. 날뱀은 우선 몸을 J자 형태로 구부려 활공을 위한 추진력을 얻는다. 육상 선수들이 달리기 직전 몸을 움츠렸다가 펴며 힘을 얻는 것과 비슷한 원리다.

비행 초기에는 몸을 일직선으로 펴서 공기 저항을 최대한 덜 받도록 한다. 그다음 단계에서는 몸을 최대한 납작하게 만들어 단면이 삼각형이 되도록 한다. 몸의 너비가 두 배 정도 넓어져

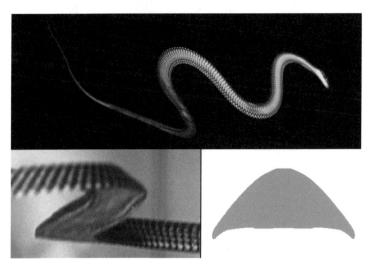

날뱀은 비행 중 몸의 모양을 변화시켜 양력을 받아 최대한 멀리 난다. (Daniel Holden et al., 2014)

그만큼 양력도 확보할 수 있기 때문이다. 뱀에게는 날개가 없지
만 몸 전체를 날개처럼 활용하는 것이다. 이때 속도는 초당 10m
에 이른다. 그리고 속도가 어느 수준에 도달하면 마치 물속에서
헤엄치듯 몸을 S자 형태로 만들어 좌우로 흔든다. 이 과정에서
머리를 원하는 방향으로 돌림으로써 비행 속도뿐 아니라 방향
조절까지 가능하다. 그리고 마침내 짧지만 먼 비행을 마친 뱀은
꼬리 먼저, 머리를 마지막으로 착륙한다.[6]

이처럼 자신의 체형을 변화시키며 나는 날뱀과 달리 스스로
날 수 있는 도구를 만들어 활용하는 곤충으로 거미가 있다. 날아
다니는 곤충을 먹잇감으로 잡기 위한 거미줄에 대한 연구는 활

발히 진행되었으나 정작 거미의 비행에 대해서는 오랫동안 밝혀진 바가 없었다.

최근 독일 베를린공대 연구진은 게거미 crab spider가 어떻게 나는지에 대해 실험을 통해 비행의 원리를 밝혔다. 게거미는 나뭇가지에서 앉아 앞다리에 난 예민한 털로 바람이 얼마나 부는지 느낀다. 그리고 날 수 있을 거라는 확신이 들면 0.1~0.3μm(마이크로미터) 굵기의 거미줄을 수십 개 뽑아낸다. 이 거미줄은 머리카락 굵기의 1000분의 1에 해당하며 일반적인 거미줄과 비교해 훨씬 가늘다. 이렇게 분사된 거미줄은 너무나 가벼워 가라앉지 않고 약한 바람만 있어도 두둥실 떠다니는데, 게거미는 마치 낙하산에 매달리듯 이 끝을 잡고 거미줄과 함께 하늘을 난다. 이를 풍선을 타고 나는 것 같다 하여 기구 비행 ballooning flight이라 한다. 영화 〈스파이더 맨 Spider-Man〉은 어느 정도 현실을 반영하여 제작된 셈이다.[7]

비행 중인 거미는 원하는 지점에 도달하면 스스로 거미줄을 끊어 땅에 내려앉는다. 거미를 이동시켜줬던 거미줄은 계속하여 공중에 떠다니는데, 이는 간혹 우리가 거미 없는 거미줄을 맞닥뜨리는 이유다.

새들은 크기와 종류에 따라 저마다의 날갯짓을 가지고, 심지어 날개가 없는 동물들도 자신만의 고유한 방식으로 날아다닌다. 본격적으로 하늘을 날게 된 지 100여 년 남짓한 인류는 수천 년의 노하우가 담긴 새들의 비행술로부터 아직도 배울 점이 많다. 그리고 항공공학자들은 최적화된 비행법을 알아내기 위해 지금 이 순간에도 자연에서 답을 찾고 있다.

맺으며

황량하고 메마른 사막의 풀 한 포기, 가파른 절벽의 바위 틈에서 피어난 꽃, 칼날보다 매서운 북극에 사는 곰, 각박한 도시에서 하루하루를 버티는 현대인. 우리 모두는 거칠고 가혹한 환경에서 살아남기 위해 발버둥치는 미약한 생명체다. 특히 인간은 지구의 정복자가 아니라 지구라는 집, 자연이라는 가정에 갓 태어난 아기와 같다.

지구의 나이는 46억 살이며, 최초의 생명체가 탄생한 것은 35억 년 전이다. 최초의 인류 오스트랄로피테쿠스Australopithecus가 출현한 시기는 300만 년 전에 불과하다. 지구의 역사를 하루로 환산하면 자정에 지구가 만들어졌고 생명체가 처음 나타난 시간은 오전 5시 44분이며, 인류가 등장한 시간은 겨우 밤 11시 59분이 넘어서다.

지구상에는 인류가 나타나기 훨씬 전부터 이미 수십 만 종의 생물이 살고 있었으며, 지금 이 순간에도 새로운 종이 발견되고 있다. 미국의 자연 보존주의자 알도 레오폴드Aldo Leopold 는 대지란 토양, 물과 함께 수많은 동식물이 공존하며 살아가는 삶의 터전으로 우리 모두는 하나의 생명 공동체라고 말하였다. 또한 이러한 대지에서 인간은 정복자나 관리자가 아닌 대지 공동체의 한 구성원에 지나지 않는다고 역설하였다.

　인간은 명석한 두뇌로 단 시간 내에 고도의 문명을 발달시켰다. 하지만 아무리 파헤쳐도 끝이 없는 자연의 신비는 여전히 우리에게 수많은 가르침과 영감을 준다. 자연은 인류의 영원한 스승이자 친구인 셈이다. 레오폴드의 말대로 함께 살아가기 위해 이러한 관계가 오래 지속 가능하도록 노력해야 한다. 우리 모두는 지구를 빌려 잠시 머무는 여행자일지도 모른다.

참고 자료

1장

[1] Pedro M. Reis et al., "How Cats Lap: Water Uptake by Felis catus", Science, 2010
로만 스토커 교수 연구실 홈페이지 https://stockerlab.ethz.ch
고양이의 우유 마시는 동영상 https://www.youtube.com/watch?v=Fgf9y8mo414

[2] 송현수, "커피 얼룩의 비밀", MID

[3] 영화 <Quicker 'n a Wink> 동영상 https://www.youtube.com/watch?v=gspK_Bi0aoQ

[4] Crompton A. W. & Musinsky C., "How dogs lap: Ingestion and intraoral transport in Canis familiaris", Biol Lett., 2011

[5] Sean Gart et al., "Dogs lap using acceleration-driven open pumping", PNAS, 2015
정승환 교수 연구실 홈페이지 https://blogs.cornell.edu/sunnyjsh
개의 물 마시는 동영상 https://www.youtube.com/watch?v=eTZiQE73dA8

[6] 야마네 아키히로, "고양이 생태의 비밀", 끌레마

[7] Mary Caswell Stoddard et al., "Wild hummingbirds discriminate nonspectral colors", PNAS, 2020

[8] Alejandro Rico-Guevara & Margaret A. Rubega, "The hummingbird tongue is a fluid trap, not a capillary tube", PNAS, 2011

[9] Jianing Wu et al., "Energy saving strategies of honeybees in dipping nectar", Scientific Reports, 2015

[10] Manu Prakash et al., "Surface Tension Transport of Prey by Feeding Shorebirds: The Capillary Ratchet", Science, 2008

[11] Christopher D. Bird and Nathan J. Emery, "Rooks Use Stones

to Raise the Water Level to Reach a Floating Worm", Current biology, 2009

[12] 존 타일러 보너, "크기의 과학", 이글리오

[13] Chapman Pincher, "Evolution of the Giraffe", Nature, 1949

[14] P.-M. Binder & Dale L. Taylor, "How Giraffes Drink", The Physics Teacher, 2015

2장

[1] Unmeelan Chakrabarti et al., "Importance of Body Stance in Fog Droplet Collection by the Namib Desert Beetle", Biomimetics, 2019

[2] FogQuest홈페이지 http://www.fogquest.org

[3] Kyoo-Chul Park et al., "Optimal Design of Permeable Fiber Network Structures for Fog Harvesting", Langmuir, 2013

[4] Ye Shi et al., "All-day fresh water harvesting by microstructured hydrogel membranes", Nature Communication, 2021

[5] 국가 상수도 정보시스템 https://www.waternow.go.kr/web

[6] 이언 스튜어트, "눈송이는 어떤 모양일까?", 한승

[7] 김기국 외, "아프리카의 신화와 전설 남부 아프리카 편", 다사랑

[8] Harris, R. H. T. P., "Report on the bionomics of the tsetse fly (Glossina pallidipes Aust.) and a preliminary report on a new method of control", Pietermaritzburg: Natal Witness Ltd., Printers

[9] Tim Caro et al., "Benefits of zebra stripes: Behaviour of tabanid flies around zebras and horses", PloS ONE, 2019

[10] Kojima Tomoki, et al., "Cows painted with zebra-like striping can avoid biting fly attack" PloS ONE, 2019

[11] Brenda Larison et al., "How the zebra got its stripes: a problem with too many solutions", Royal Society Open Science, 2015

[12] Alison Cobb & Stephen Cobb, "Do zebra stripes influence thermoregulation?", Journal of Natural History, 2019

[13] Sharon Talley and Godfrey Mungal, "Flow around cactus-shaped cylinders", Center for Turbulence Research Annual Research Briefs, 2002

[14] Canadell, J. et al., "Maximum rooting depth of vegetation types at the global scale", Oecologia, 2004

[15] Zhao Pan et al., "The upside-down water collection system of Syntrichia caninervis", Nature Plants, 2016

[16] 손승우, "녹색동물", 위즈덤하우스

[17] Pascal S. Raux et al., "Design of a unidirectional water valve in Tillandsia", Nature Communications, 2020

[18] Jeong Jae Kim et al., "Effect of trichome structure of Tillandsia usneoides on deposition of particulate matter under flow conditions", Journal of Hazardous Materials, 2020

3장

[1] Barbara Milutinović et al., "Social immunity modulates competition between coinfecting pathogens", Ecology Letters, 2020

[2] 베르나르 베르베르, "개미", 열린책들

[3] 최재천, "개미제국의 발견", 사이언스북스

[4] 최지범, "개미의 수학", 에이도스

[5] 렌 피셔, "보이지 않는 지능", 위즈덤 하우스

[6] Chris R. Reid et al., "Army ants dynamically adjust living bridges in response to a cost–benefit trade-off", PNAS, 2015

[7] Michael Tennenbaum et al., "Mechanics of fire ant aggregations", Nature Materials, 2015

데이비드 후 교수 연구실 홈페이지 http://hu.gatech.edu/about

[8] KBS 동물의 건축술 제작팀, "동물의 건축술", 문학동네

[9] J. Aguilar et al., "Collective clog control: Optimizing traffic flow in confined biological and robophysical excavation", Science, 2018

[10] Steven J. Portugal et al., "Upwash exploitation and downwash avoidance by flap phasing in ibis formation flight", Nature, 2014

[11] 폴 컬린저, "세계의 철새 어떻게 이동하는가?", 다른세상

[12] Audrey Filella et al., "Model of collective fish behavior with hydrodynamic interactions", Physical Review Letters, 2018

[13] Hamilton, W., "Geometry for the selfish herd", Journal of Theoretical Biology, 1971

[14] Andrew J. King et al., "Selfish-herd behaviour of sheep under threat", Current Biology, 2012

[15] 존 타일러 보너, "크기의 과학", 이끌리오

[16] Ferran Garcia-Pichel, "Rapid Bacterial Swimming Measured in Swarming Cells of Thiovulum majus", Journal of Bacteriology, 1989

[17] Alexander P. Petroff et al., "Fast-Moving Bacteria Self-Organize into Active Two-Dimensional Crystals of Rotating Cells", Physical Review Letters, 2015

[18] Assad Al Alam et al, "An Experimental Study on the Fuel Reduction of Heavy Duty Vehicle Platooning", 13th International IEEE Conference on Intelligent Transportation Systems, 2010

4장

[1] 소어 핸슨, "씨앗의 승리", 에이도스

[2] Cathal Cummins et al., "A separated vortex ring underlies the flight of the dandelion", Nature, 2018

[3] Lentink, D. et al., "Leading-Edge Vortices Elevate Lift of Autorotating Plant Seeds", Science, 2009

[4] Kapil Varshney et al., "The kinematics of falling maple seeds and the initial transition to a helical motion", Nonlinearity, 2012

[5] 김길영 외, "종이 헬리콥터 낙하해석모델의 통계적 교정 및 검증", Trans. Korean Soc. Mech. Eng. A, 2015

[6] Emilie Dressaire et al., "Mushrooms use convectively created airflows to disperse their spores", PNAS, 2016
에밀리 드레사례 교수 연구실 홈페이지 https://www.dressairelab.com

[7] Marcus Roper and Agnese Seminara, "Mycofluidics: The Fluid Mechanics of Fungal Adaptation", Annu. Rev. Fluid Mech., 2019
마커스 로퍼 교수 연구실 홈페이지 https://www.marcusroper.org

[8] 손승우, "녹색동물", 위즈덤하우스

[9] Robert D. Deegan, "Finessing the fracture energy barrier in ballistic seed dispersal", PNAS, 2012

[10] Rivka Elbaum et al., "The role of wheat awns in the seed dispersal unit", Science, 2007

[11] Anahit Galstyan and Angela Hay, "Snap, crack and pop of explosive fruit", Current Opinion in Genetics & Development, 2018

[12] Li Liu et al., "Smart thermo-triggered squirting capsules for nanoparticle delivery", Soft matter, 2010

5장

[1] Philipp Erni et al., "Microrheometry of Sub-Nanoliter Biopolymer Samples: Non-Newtonian Flow Phenomena of

Carnivorous Plant Mucilage", Soft Matter, 2011

[2]   Stephen Puleo, "Dark Tide", Houghton Mifflin

[3]   토머스 아이스너, "전략의 귀재들 곤충", 삼인

[4]   Mingjun Zhang et al., "Nanofibers and nanoparticles from the insectcapturing adhesive of the Sundew (Drosera) for cell attachment", Journal of Nanobiotechnology, 2010

[5]   Holger F. Bohn and Walter Federle, "Insect aquaplaning: Nepenthes pitcher plants capture prey with the peristome, a fully wettable water-lubricated anisotropic surface", PNAS, 2004

[6]   Ulrike Bauer et al., "'Insect aquaplaning' on a superhydrophilic hairy surface: how Heliamphora nutans Benth. pitcher plants capture prey", Proceedings of the Royal Society B, 2013

[7]   Laurence Gaume and Yoel Forterre, "A Viscoelastic Deadly Fluid in Carnivorous Pitcher Plants", PLoS ONE, 2007

[8]   David W. Armitage, "Bacteria facilitate prey retention by the pitcher plant Darlingtonia californica", Biology Letters, 2016 데이비드 아미티지 교수 연구실 홈페이지 https://www.openmicroscope.org/about

[9]   Jacco H. Snoeijer & Ko van der Weele, "Physics of the granite sphere fountain", American Journal of Physics, 2014

[10] Forterre, Y et al., "How the Venus flytrap snap", Nature, 2005

[11] 대니얼 샤모비츠, "식물은 알고 있다", 다른

[12] Mohsen Shahinpoor, "Biomimetic Robotic Venus flytrap (Dionaea Muscipula Ellis) Made with Ionic Polymer Metal Composites (IPMCs)", Bioinspiration and Biomimetics, 2011

[13] Indrek Must et al., "A variable-stiffness tendril-like soft robot based on reversible osmotic actuation", Nature Communications, 2019

6장

[1] KBS 동물의 건축술 제작팀, "동물의 건축술", 문학동네

[2] 완다 쉽맨, "동물들의 집짓기", 지호

[3] 김영호 외, 긴꼬리딱새(Terpsiphone atrocaudata)의 둥지 짓기, 한국조류학회, 2012

[4] Dabiao Liu et al., "Spider dragline silk as torsional actuator driven by humidity", Science Advances, 2019

[5] Hunter King et al, "Termite mounds harness diurnal temperature oscillations for ventilation", PNAS, 2015

[6] 건축가 믹 피어스 홈페이지 http://www.mickpearce.com

[7] KBS 1, 다큐멘터리 "동물의 건축술" 제3편 몸으로 짓는 과학, 2010

[8] 박경미, "수학콘서트 플러스", 동아시아

[9] B. L. Karihaloo , K. Zhang and J. Wang, "Honeybee combs: how the circular cells transform into rounded hexagons", Journal of the Royal Society Interface, 2013

[10] 스즈키 마모루, "둥지로부터 배우다", 더숲

[11] 시드니 퍼코위츠, "거품의 과학", 사이언스북스

7장

[1] Heesu Kim et al., "Flow structure modifications by leading-edge tubercles on a three dimensional wing", Bioinspiration & Biomimetics, 2018

[2] Christie J. McMillan et al., "The innovation and diffusion of "trap-feeding," a novel humpback whale foraging strategy", Marine Mammal Science, 2018

[3] 마르쿠스 베네만, "동물들의 생존 게임", 웅진 지식하우스

[4] Michel Versluis et al., "How Snapping Shrimp Snap: Through Cavitating Bubbles", Science, 2000

데트레프 로제 교수 홈페이지 https://pof.tnw.utwente.nl/people/profile/3

[5] Vailati A et al., "How Archer Fish Achieve a Powerful Impact: Hydrodynamic Instability of a Pulsed Jet in Toxotes jaculatrix." PLoS ONE, 2012

[6] Cait Newport et al., "Discrimination of human faces by archerfish (Toxotes chatareus)", Scientific Reports, 2016

[7] 박성웅 외, "독한 것들", MID

[8] Eric M. Arndt et al., "Mechanistic origins of bombardier beetle(Brachinini) explosion-induced defensive spray pulsation", Science, 2015

[9] Brian Chang et al., "How seabirds plunge-dive without injuries", PNAS, 2016

[10] Floris van Breugel and Michael H. Dickinson, "Superhydrophobic diving flies (Ephydra hians) and the hypersaline waters of Mono Lake", PNAS, 2017

[11] Justin W. Jaworski and N. Peake, "Aeroacoustics of Silent Owl Flight", Annual Review of Fluid Mechanics, 2019

[12] 지라벡 홈페이지 https://www.ziehl-abegg.com/global/en

[13] Gemmell, B. J. et al. "Morphology of seahorse head hydrodynamically aids in capture of evasive prey", Nature Communication, 2013

8장

[1] 이병철, "세계 탐험사 100장면", 가람기획

[2] 명정구 외, "우리바다 어류도감", 황금시간

[3] Ian K. Bartol et al., "Hydrodynamic stability of swimming in ostraciid fishes: role of the carapace in the smooth trunkfish Lactophrys triqueter (Teleostei: Ostraciidae)", Journal of

Experimental Biology, 2003

[4] S. Van Wassenbergh et al., "Boxfish swimming paradox resolved:forces by the flow of water around the body promote manoeuvrability", Journal of The Royal Society Interface, 2014

[5] Anderson, E. J. et al., "Scallop Shells Exhibit Optimization of Riblet Dimensions for Drag Reduction," The Biological Bulletin, 1997

[6] John H. Costello et al., "The Hydrodynamics of Jellyfish Swimming", Annual Review of Marine Science, 2021

[7] J. O. Dabiri et al., "A wake-based correlate of swimming performance and foraging behavior in seven co-occurring jellyfish species", Journal of Experimental Biology, 2010

[8] Tricia Kojeszewski & Frank E. Fish, "Swimming kinematics of the Florida manatee (Trichechus manatus latirostris): hydrodynamic analysis of an undulatory mammalian swimmer", Journal of Experimental Biology, 2007

[9] 최강, "도핑의 과학", 동녘사이언스

[10] J. W. Glasheen & T. A. McMahon, "A hydrodynamic model of locomotion in the Basilisk Lizard", Nature, 1996

9장

[1] Christopher James Clark et al., "Courtship dives of Anna's hummingbird offer insights into flight performance limits", Proceedings of the Royal Society B, 2009

[2] Roslyn Dakin et al., "Morphology, muscle capacity, skill, and maneuvering ability in hummingbirds", Science, 2018

[3] Richard J. Bomphrey et al., "Smart wing rotation and trailing-edge vortices enable high frequency mosquito flight", Nature, 2017

[4] Andrew K. Dickerson et al., "Mosquitoes survive raindrop collisions by virtue of their low mass", PNAS, 2012

[5] Hassanalian M. et al., "Role of wing color and seasonal changes in ambient temperature and solar irradiation on predicted flight efficiency of the Albatross", Journal of Thermal Biology, 2017

[6] Daniel Holden et al., "Aerodynamics of the flying snake Chrysopelea paradisi: how a bluff body cross-sectional shape contributes to gliding performance", The Journal of Experimental Biology, 2014

[7] Moonsung Cho et al., "An observational study of ballooning in large spiders: Nanoscale multifibers enable large spiders' soaring flight", PLOS Biology, 2018

개와 고양이의 물 마시는 법

유체역학으로 바라본 경이롭고 매혹적인 동식물의 세계

초판 1쇄 인쇄 2021년 10월 7일
초판 1쇄 발행 2021년 10월 14일

지은이 송현수
펴낸곳 (주)엠아이디미디어
펴낸이 최종현
기획 김동출 최종현 이휘주
편집 이휘주
경영지원 유정훈
그림 사브라인공
디자인 이창욱

주소 서울특별시 마포구 신촌로 162 1202호
전화 (02) 704-3448   **팩스** (02) 6351-3448
이메일 mid@bookmid.com   **홈페이지** www.bookmid.com
등록 제2011 - 000250호

ISBN 979-11-90116-55-8 (03420)

책값은 표지 뒤쪽에 있습니다. 파본은 바꾸어 드립니다.